【现代种植业实用技术系列】

油菜优质高效栽培技术

主　　编　陈凤祥
编写人员　李　成　吴新杰　费维新　江莹芬
　　　　　初明光　王　莹

时代出版传媒股份有限公司
安徽科学技术出版社

图书在版编目(CIP)数据

油菜优质高效栽培技术 / 陈凤祥主编. --合肥:安徽科学技术出版社,2024.1

助力乡村振兴出版计划. 现代种植业实用技术系列

ISBN 978-7-5337-8861-2

Ⅰ.①油… Ⅱ.①陈… Ⅲ.①油菜-蔬菜园艺 Ⅳ.①S634.3

中国国家版本馆 CIP 数据核字(2023)第 225019 号

油菜优质高效栽培技术 主编 陈凤祥

出 版 人:王筱文 选题策划:丁凌云 蒋贤骏 王筱文 责任编辑:程羽君
责任校对:张晓辉 徐 晴 责任印制:廖小青 装帧设计:王 艳
出版发行:安徽科学技术出版社 http://www.ahstp.net
(合肥市政务文化新区翡翠路 1118 号出版传媒广场,邮编:230071)
电话:(0551)63533330
印 制:安徽联众印刷有限公司 电话:(0551)65661327
(如发现印装质量问题,影响阅读,请与印刷厂商联系调换)

开本:720×1010 1/16 印张:7 字数:90 千
版次:2024 年 1 月第 1 版 印次:2024 年 1 月第 1 次印刷

ISBN 978-7-5337-8861-2 定价:30.00 元

出版说明

"助力乡村振兴出版计划"(以下简称"本计划")以习近平新时代中国特色社会主义思想为指导，是在全国脱贫攻坚目标任务完成并向全面推进乡村振兴转进的重要历史时刻，由中共安徽省委宣传部主持实施的一项重点出版项目。

本计划以服务乡村振兴事业为出版定位，围绕乡村产业振兴、人才振兴、文化振兴、生态振兴和组织振兴展开，由《现代种植业实用技术》《现代养殖业实用技术》《新型农民职业技能提升》《现代农业科技与管理》《现代乡村社会治理》五个子系列组成，主要内容涵盖特色养殖业和疾病防控技术、特色种植业及病虫害绿色防控技术、集体经济发展、休闲农业和乡村旅游融合发展、新型农业经营主体培育、农村环境生态化治理、农村基层党建等。选题组织力求满足乡村振兴实务需求，编写内容努力做到通俗易懂。

本计划的呈现形式是以图书为主的融媒体出版物。图书的主要读者对象是新型农民、县乡村基层干部、"三农"工作者。为扩大传播面、提高传播效率，与图书出版同步，配套制作了部分精品音视频，在每册图书封底放置二维码，供扫码使用，以适应广大农民朋友的移动阅读需求。

本计划的编写和出版，代表了当前农业科研成果转化和普及的新进展，凝聚了乡村社会治理研究者和实务者的集体智慧，在此谨向有关单位和个人致以衷心的感谢！

虽然我们始终秉持高水平策划、高质量编写的精品出版理念，但因水平所限仍会有诸多不足和错漏之处，敬请广大读者提出宝贵意见和建议，以便修订再版时改正。

本册编写说明

目前我国食用油对外依赖度较高，食用植物油和饲用蛋白供给安全存在“卡脖子”隐患。油菜是我国第一大油料作物,是我国食用植物油最主要的来源,也是仅次于豆粕的大宗饲用蛋白源。油菜也是唯一的越冬油料作物,在长江流域利用冬闲田发展潜力巨大,不仅不与粮食作物争地,还有利于提高水稻等后茬作物产量。油菜是可以多功能利用的最佳作物。因此,大力发展油菜产业对提高我国食用植物油自给率,保障食用油和饲用蛋白供给与粮食安全,增加农民收入和助力乡村振兴都具有十分重要的意义。

受安徽科学技术出版社之邀,我们编写了《油菜优质高效栽培技术》一书。由于油菜生产方式向轻简化、机械化发展,本书以油菜轻简化、机械化的优质高效生产技术为主线,将油菜生产技术与实践结合,介绍了实用性强的油菜种植技术,同时简要介绍油菜的多功能利用价值、生物学特性及引种规律、油菜病虫草害防治及气象灾害预防等知识,适合新型农民、广大农技人员和乡村基层干部阅读,也可供农业院校师生阅读参考。

本书在编写过程中得到了安徽省农业科学院领导和作物研究所领导的关心和支持,参阅了油菜专家撰写的相关资料,在此表示衷心感谢。

目　录

第一章　油菜概述

我国油料作物有大豆、油菜、花生、芝麻、向日葵、红花等。油菜是我国第一大油料作物，是我国食用植物油最主要的来源，也是仅次于豆粕的大宗饲用蛋白源。近五年来，我国油菜年均种植面积约为1亿亩，年均总产量近1400万吨，平均亩产140千克，面积、产量均居世界第二。目前我国食用油对外依赖度仍然较高，我国食用植物油和饲用蛋白供给安全存在“卡脖子”隐患。油菜是唯一的越冬油料作物，在长江流域利用冬闲田发展潜力巨大，不仅不与粮食作物争地，而且有利于提高水稻等后茬粮食作物产量。因此大力发展油菜产业对提高我国食用植物油自给率，保障食用油和饲用蛋白供给与粮食安全，增加农民收入，助力乡村振兴，都具有十分重要的意义。

第一节　油菜的经济价值与用途

一　油菜是重要的食用植物油源

菜油是我国生产量极高的植物油，占国产油料榨油总油量的比重在41%以上，也是我国消费的第三大植物油，在国内食用油市场中具有举足轻重的地位。油菜籽含有33%~50%脂肪，是最重要的植物油源。每亩可收100~250千克菜籽，榨取30~100千克的菜油。菜油是良好的食用油，其中含有丰富的脂肪酸和多种维生素，营养价值高，并易于消化。全世界菜籽油产量仅次于豆油和棕榈油，是世界第三大植物油来源，在植物油中比重基本保持在13%~16%。近年来，全球菜籽油的生产量和消费量一直保持着逐年上升的趋势。我国是世界菜籽、菜籽油第一大消费国，第二大生产国。双低菜油的饱和脂肪酸含量只有7%，在所有油脂品种中含量最低，饱和脂肪酸含量高易使人体胆固醇含量升高，患心脏病的危险增大。所含人体必需的脂肪酸成分（油酸和亚油酸）显著增加，单不饱和脂肪酸含量在60%左右，仅次于橄榄油，而不饱和脂肪酸具有降低低密度脂蛋白胆固醇、减少心血管疾病的作用。食用双低菜油有利于人体健康。加拿大每年消费菜油达100万吨，而消费动物油只有2.5万吨。

二 油菜是重要的饲料蛋白源，也是优质青饲料和青贮饲料

油菜籽含有20%~30%的蛋白质，菜籽饼粕含34%~45%的蛋白质。且菜籽饼粕蛋白质的氨基酸组成合理，是优质植物蛋白源。在菜籽蛋白质中，必需氨基酸含量高，尤其是赖氨酸及含硫氨基酸的含量较高，因此菜籽蛋白有很高的营养价值，可以开发出各种食用蛋白产品，更可作为优质饲料蛋白源。双低油菜籽饼粕中的硫苷含量降到40微摩尔/克以下时，可直接用作饲料蛋白源，用于养殖业，从而使菜籽蛋白成为重要的植物蛋白。近年来，我国植物蛋白的消费量伴随养殖业的快速发展而相应快速增长。

三 种植油菜可改良土壤，提高土壤肥力

油菜饼粕不仅富含氮、磷、钾等多种营养元素，还是上等有机肥料，其肥效仅次于豆饼。油菜的根、茎、叶、花、果、壳等含有丰富的氮、磷、钾。研究表明，每亩油菜开花结实阶段的大量落花落叶和果壳等合计起来，其肥效相当于50千克的硫酸铵、18千克过磷酸钙和22千克硫酸钾的肥

效总和。油菜的叶和果壳在提高土壤肥力的同时,还可疏松土壤、防止土壤板结、改善土壤结构。油菜根系发达,主根可深达土层100厘米,根系能分泌有机酸,可溶解土壤中难以溶解的有机磷,提高磷的有效性,对油菜收获后的后作如稻、麦等有明显的增产作用。在相同土质的土地上若施肥量相同,油菜茬水稻比大麦茬水稻增产5%~10%。菜籽饼还是烟草和温室植物的好肥料。

四 油菜可提供多种工业原料

菜籽油经过精炼、脱色和氧化处理,可以用来制作色拉油、起酥油、人造奶油以及糖果、糕点等。菜籽油是多种工业的重要原料,可用于冶金、机械、橡胶、化工、纺织、油漆、制皂、油墨、造纸、皮革、医药等。高芥酸菜籽油在工业上还有特殊用途,如铸钢需要使用高芥酸菜籽油做润滑剂,船舶、铁路车辆要用高芥酸菜籽油做润滑油。芥酸的衍生物芥酸酰胺广泛用于塑料制品制造,菜籽油的裂解产物可分离出壬酸酯和十三碳二元酸,可用作塑料工业的优良增塑剂,还可以用来制造尼龙制品、化妆品等。菜籽油还可以作为生物燃料,用作替代能源。在能源紧缺日益加剧的当今世界,生物燃料显得十分重要。双低油菜籽是良好的生物柴油原料,其油凝固点在-10~-8℃,远低于其他油脂。近几年,菜籽油转化为生物柴油的比例逐年增加,其中,欧盟菜籽油消耗量的60%以上用于生物柴油。

五 种植油菜便于调节作物茬口

在南方,油菜是越冬作物。在水稻收获后种一季油菜,变冬闲田为油菜田,可增加一季收成,又不误翌年的水稻种植,从而实现粮油双丰收。冬油菜的成熟期比小麦早半个月,在长江中下游5月中旬即可收割,若品种选择和栽培措施得当,还可实现油菜、早稻和晚稻一年三熟,充分发挥人多田少的生产潜力。在北方,利用早春空闲季节,增种一季春油菜,油菜收后复种、复栽或油菜预留行间套种粮食作物，可变一年一熟或两年三熟为一年多熟。

六 种植油菜有利于养蜂业发展

油菜是一种良好的蜜源作物，油菜花的基部有蜜腺，可分泌蜜汁供蜜蜂采集。一株油菜可开上千朵花，花期可持续 1 个月之久。由于油菜的病虫害比水稻、小麦、棉花等大田作物和各类蔬菜少得多，农药污染程度较轻，所以蜜蜂采油菜花酿出的蜂蜜品质较优。在油菜开花期放养蜜蜂，每亩可收获蜂蜜 1.7~5 千克。每一群蜜蜂在整个油菜开花期可采蜜 50 余千克。蜜蜂不仅能采花酿蜜，增加农民收入，还是油菜的传粉媒介，可以增加油菜籽产量。据研究，在油菜开花期放蜂可增加油菜的结角数和每果粒数，从而使菜籽产量提高 10%左右。因此，在油菜开花期放蜂，可以获得油菜、蜂蜜的双丰收。此外，油菜花粉还可用于生产花粉口服液等营养品和化妆品。

七 油菜可作为观花作物促进农业休闲观光游等第三产业发展

油菜开花成片，花期长，能改善生态环境。举办油菜花节可促进旅游业的发展，丰富人们的休闲生活，助力乡村振兴。

图 1-1　油菜花景 1

图 1-2　油菜花景 2

图 1-3　彩色油菜花

八 优质油菜薹可作为蔬菜食用，一菜油蔬两用

筛选早期长势旺、整齐一致，口感好、易化渣，富含硒、锌、维生素 C、可溶性糖，粗纤维含量低的双低优质油菜品种种植，在春节前后打 1~2 次菜薹作蔬菜食用，成熟后收获油菜籽。一般可亩产菜薹 500~700 千克，菜籽不减产。

图 1-4　油菜薹

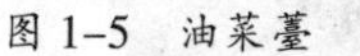

图 1–5　油菜薹

图 1–6　鲜食油菜薹

第二节　油菜的起源、类型和在中国的生产分区

一 油菜的起源

白菜型油菜和芥菜型油菜的起源中心在中国和印度，甘蓝型油菜的起源中心在欧洲。油菜栽培的历史十分悠久。中国在6000~7000年以前开始种油菜。我国最早的油菜栽培地区被认为是青海、甘肃、新疆、内蒙古等地。

二 油菜的类型

油菜是十字花科芸薹属植物几个物种的总称。根据农艺性状，中国油菜可分为白菜型、芥菜型和甘蓝型三大类。

1.白菜型油菜

白菜型油菜俗称小油菜，包括北方型小油菜、南方油白菜、北方油白菜。植株一般较矮小，叶色深绿至淡绿，上部薹茎叶无柄，叶基部全抱茎。

花色淡黄至深黄，花瓣呈圆形，较大，开花时花瓣两侧相互重叠。自然异交率在75%~95%，属典型异花授粉作物。角果较肥大，果喙显著，种子大小不一，千粒重约为3克，种皮颜色有褐、黄或黄褐色。生育期较短（150~200天）。易感染病毒病和霜霉病，产量较低，适宜在季节短、低肥水平下栽培，可作蔬菜和榨油兼用作物。

2.芥菜型油菜

芥菜型油菜俗称大油菜、高油菜、苦油菜、辣油菜等，是芥菜的油用变种，主要有小叶芥油菜和大叶芥油菜两个种。植株高大，株型松散。叶色深绿或紫绿，叶面一般皱缩，且具蜡粉和刺毛，叶缘有锯齿，薹茎叶有柄，不抱茎，基部叶有小裂片和花叶。花色淡黄或白黄，花瓣小，开花时四瓣分离。具有自交亲和性，自交结实率在70%~80%。角果细而短，种子小，千粒重在1~2克，辛辣味较重，种皮有黄、红、褐等色。生育期中等（160~210天），产量不高，但耐瘠、抗旱、抗寒，适于山区、寒冷地带及土壤瘠薄地区种植，可作调料和香料作物。

3.甘蓝型油菜

甘蓝型油菜又称洋油菜、番油菜等。植株中等或高大，枝叶繁茂。叶色蓝绿似甘蓝，多密布蜡粉，薹茎叶无柄，半抱茎，基部叶有琴状裂片或花叶。花瓣大，呈黄色，开花时花瓣两侧重叠，自交结实率一般在60%以上。角果较长，种子较大，千粒重为3~4克，种皮为黑褐色。生育期较长（170~230天），增产潜力大，抗霜霉病、病毒病能力强，耐寒，耐肥，适应性广。中国是甘蓝型油菜的三大生产区之一（另外两个是欧洲和加拿大）。

在生产利用上人们习惯将油菜分为三大类：①常规（普通）油菜：按常规方法育成的高产油菜。如中油821、湘油10号等。②优质油菜：按常规方法育成的具有优质特性的油菜。目前主要指油中芥酸含量低，饼中硫代葡萄糖苷含量低的双低油菜。如中双11、华双5号等。③杂交油菜：利用2个遗传基础不同的油菜品种或品系，采取一定的生产杂种的技术措施，如三系、两系制种，化学杀雄，自交不亲和等得到的第一代杂交种。如泰油 2 号。若杂种具有优良品质特性，则称为优质杂交油菜。如华杂 4 号、皖油 14、沣油 737 等。

三 中国油菜的生产分区

我国油菜的种植范围遍及全国，各地区大多有油菜生产。中国油菜按农业区划和油菜生产特点，以六盘山和太岳山为界线，大致分为冬油菜区和春油菜区两大产区。

六盘山以东和延河以南，太岳山以东为冬油菜区；六盘山以西和延河以北，太岳山以西为春油菜区。冬油菜区集中分布于长江流域各省及云贵高原，这些地方无霜期长，冬季温暖，一年两熟或三熟，适于油菜秋播夏收。冬油菜区种植面积约占全国油菜总面积的 90%，产量约占全国总产量的 90%。冬油菜区又分六个亚区：华北关中亚区、云贵高原亚区、四川盆地亚区、长江中游亚区、长江下游亚区和华南沿海亚区。其中四川盆地、长江中游、长江下游三个亚区是冬油菜的主产区，均以水稻生产为中心，实行油稻或油稻稻的一年两熟或三熟制。

春油菜区冬季严寒，生长季节短，降雨量少，日照长且强及昼夜温差大，对油菜种子发育有利；1 月份温度一般为–20~–10℃，有时甚至更低，为一年一熟制，实行春种（或夏种）秋收，常年种植面积只占全国油菜的 10%左右。春油菜区又分 3 个亚区：青藏高原亚区、蒙新内陆亚区和东北平原亚区。春油菜区有西北原产的白菜型小油菜和分布广泛的芥菜型油菜。蒙新内陆亚区与云贵高原亚区是我国芥菜型油菜类型分化最多和种植面积最大的地区，而东北平原亚区则为我国新发展的春油菜产区。

第三节 油菜的植物学特性

一 种子

油菜种子为球形或近球形，粒小，千粒重为 3 克左右，颜色有黄、红、褐、黑和杂色等多种。种子外面包着种皮，种皮较坚硬，起着保护种子的作用。种皮里面是黄色的胚，通称种仁。胚是种子的主要成分，由胚根、胚轴、胚芽和两片肥大卷曲的子叶组成，其中子叶纵面互相折叠紧抱胚的其他部分。油菜的子叶内含丰富的油脂和蛋白质。种子内部油脂转化成种子发芽所需的养分时，需要吸收较多的水分和氧气。据测定，油菜种子发芽需吸收相当于自身重量 60%以上的水分。如果水分不足，种子内部油脂转化就慢，种子发芽出苗就要延迟。如果油菜种子播得较深，或土壤板结，或积水过多，造成氧气供应不足，种子的呼吸作用就会受到阻碍，易生烂种而缺苗。将温度保持在 25℃左右能使种子出苗迅速整齐。

满足了水分、氧气、温度这 3 个条件后，油菜种子就开始吸水膨大，然后胚根开始伸长，突破种皮，现出白色根尖，扎进土中逐渐形成油菜的根系。胚根入土后不久，胚轴向上伸长，脱去种皮后起立于土面，逐步发育为油菜的茎秆。胚轴前端的两片叶子脱落，至此 1 粒油菜种子便成为 1 株幼苗。

二 根

油菜的根系由主根、侧根、细根和不定根组成。胚根发育形成上部膨大、下部细长的主根。主根上通常长出 3 纵列侧根，侧根上再逐渐长出许多细根。此外，植株的根茎上还可长出许多不定根。主根、侧根、细根和不定根共同组成强大的圆锥形根系。根系具有支撑、吸收和贮藏3大功能。主根一般入土50厘米左右,与侧根一起使植株挺立田间不倒伏。根系除了吸收水分和矿质营养,还能吸收生长素和内吸性农药等。此外,油菜根系分泌的有机酸,能将土壤中难以被吸收的磷化合物转化为易被吸收的水溶性磷。因此,油菜对磷矿粉等磷肥的利用率比其他作物高。越冬期油菜根部不断膨大增粗,中间贮藏大量养分,以保证油菜翌年春季的生长发育。

在油菜的一生中,根系的生长分为3个时期:一是扎根期,自出苗至越冬期,根系往下扎,垂直生长快于水平生长;二是扩展期,越冬后至盛花期,根系生长加快,尤其是水平生长加快;三是衰老期,盛花期至成熟期,根系停止生长。根据根系的不同发育时期采取适当的栽培措施,可以促进根系的生长发育,维持根系的活力,使其更好地发挥支撑、吸收和贮存的作用,以达到油菜高产的目的。

三 茎

油菜的茎可分为主茎和分枝。主茎由子叶以上的幼苗不断生长延伸而形成。冬油菜的主茎在冬季前不延伸,节间缩短,各节密集在一起。翌年春季部分节间开始伸长,主茎高10厘米左右时抽薹。抽薹时主茎柔嫩多汁,开花后木质化程度增加,逐渐坚韧。至终花时主茎的生长停止。根据节间的长短以及节上着生叶片的特征,可把主茎从下而上分为缩茎段、伸长茎段和薹茎段3部分,以冬油菜最为明显,春油菜则没有缩茎段。

油菜主茎着生30多张叶片。每片叶基部都有1个腋芽,腋芽萌发延伸即形成分枝。但在一般栽培条件下,由于肥、水和光照等条件的限制,主茎下部的腋芽常常不能发育,只有上部的10个左右腋芽成为结果的有效分枝。油菜分枝性很强,分枝上可再分枝。主茎上直接抽生的分枝称为一次分枝，一次分枝的腋芽长成的分枝叫二次分枝，依此类推。若肥水条件良好，或者是芥菜型油菜品种，还可以有三次分枝、四次分枝等。油菜有 2/3 以上的角果是着生在分枝上的。因此，有效分枝数与角果数及产量有密切关系。茎的功能：一是支撑植株的叶、花、角果等器官，二是通过茎中的导管和筛管运送水分和各种养料，三是贮藏暂不使用的养分，四是用其绿色表皮细胞中的叶绿素进行光合作用，制造有机物质。若肥水供应不足，则茎秆瘦小，其制造和贮藏的养分均较少，影响到植株的发育和产量；若肥水施用过度，造成茎秆软弱，后期倒伏，则将导致荫蔽、病害加重，最终使产量减少。

四 叶

油菜出苗后，从种胚中伸展出的 2 片子叶在苗期进行短时期的光合作用后逐渐枯黄脱落，营养物质的合成主要靠以后长出的真叶进行。真叶着生在主茎或分枝上，每节都有一片真叶。根据叶片的着生部位和形态，可分为长柄叶、短柄叶和无柄叶 3 种。长柄叶于苗期从主茎基部的缩茎段上长出，叶柄边缘有缺刻，相邻叶片之间的距离很短，植株抽薹后逐渐枯黄脱落。短柄叶在苗期的后期从主茎中部的伸长茎段上抽出，叶柄较短，叶片较大，叶与叶之间距离较长，在抽薹至开花期间发挥其作用。无柄叶着生在主茎上部的薹茎段或分枝上，抽薹后才长出。无柄叶有鞋形、披针形和剑形的，叶面积较小，仅十几平方厘米，但叶片较多，有 70~80 片。

叶片是进行光合作用、制造有机营养物质的主要器官，也是进行呼吸作用和蒸腾作用的重要器官。叶片制造的营养物质除叶片本身生长需要外，长柄叶还供应根部和茎生长，短柄叶供给茎和分枝生长，无柄叶则供应分枝和角果发育。因此，在油菜栽培中，应注意增加叶片数量和叶面积，延长叶的功能期，减轻或避免病虫害对叶片的损害。加强和充分发挥功能叶层的光合作用，使油菜生长发育良好，争取实现油菜的高产。

五 花

油菜花按照一定的顺序着生在花轴上，着生在主茎顶端花轴上的称为主花序，着生在分枝顶端花轴上的称为分枝花序。主花序先开花，然后各分枝花序从上至下陆续开花。同一个花序上的花蕾则从下向上逐个开放。

花由花柄、花萼、花冠、雄蕊、雌蕊和蜜腺6部分组成。花柄着生于花轴上，花谢后形成果柄。花萼由4枚花瓣组成，花瓣在蕾期互相旋叠，在盛开时平展成十字状（故属十字花科植物）。雄蕊有6枚，4长2短，称为4强雄蕊。每个雄蕊由花药和花丝两部分组成。花丝长而无色，顶端着生花药，花药成熟时放出黄色花粉粒，借蜜蜂或其他昆虫及风力传播授粉。雄性不育油菜的雄蕊退化，花药里无花粉。雌蕊位于花朵的中央，外形像小花瓶，由子房、花柱和柱头组成。蜜腺有4个，呈绿色粒状，位于花的基部，能分泌蜜汁以引诱昆虫采蜜传粉。

六 角果

油菜开花受精后，花瓣凋谢，子房发育膨大，形成果实，花柱和花柄则分别形成果喙和果柄，3者相连呈角状，故其果实名为角果。果实两面为两片类似船形的狭长壳状果瓣，成熟时易开裂。中央则有膜状物将其隔离成两室，称为假隔膜。着生在两旁胎座上的胚珠发育成为角果中的种子。胚珠中的卵细胞接受了花粉提供的精细胞后形成合子，合子进一步发育、分化，形成胚根、胚轴、胚芽和子叶的成熟胚，与种皮一起构成种子。

角果的形态大小因油菜的类型、品种和栽培条件而异。一般来说，芥菜型油菜角果较细短，白菜型油菜角果较粗短，甘蓝型油菜角果较长。适

宜的栽培条件可增加角果的长度和角果中的种子数目,同时也可增加植株的有效角果数目。角果是油菜籽的贮藏器官,正在发育的角果的绿色角皮是油菜花角期的重要光合器官,它可提供油菜种子贮存的40%左右的养分,对油菜产量有重要的影响。因此采取适宜的栽培措施,使油菜后期不早衰、不倒伏、不受病虫害的损害,使角果良好发育,对油菜丰产有重要的意义。根据角果成熟时果轴所成角度的大小以及角果在果柄上的着生状态,可将角果分为直生型、斜生型、平生型和下垂型4种,可作为区别品种的形态标志之一。

第四节 油菜的生育进程

油菜的一生,从播种到种子成熟,经历5个生育阶段,即发芽出苗期、苗期、蕾薹期、开花期和角果发育成熟期。不同生育阶段在生长期的进化过程中具有固定的生育特点,同时对外界环境条件有一定的要求。

一 发芽出苗期

油菜种子无明显休眠期。种子发芽的最适温度为25℃,温度低于3~4℃,高于36~37℃,都不利于发芽。发芽时土壤含水量为田间最大持水量的60%~70%较为适宜,种子需吸水达自身重量60%以上。油菜发芽需氧量较高,当种子胚根、胚芽突破种皮后,每克鲜重每小时氧消耗量为1000微升左右,发芽初期土壤偏酸性较为适宜。油菜种子吸水膨大后,胚根先突破种皮伸长,幼茎直立于地面,两片子叶张开,由淡黄转绿,称为出苗。

二 苗期

油菜出苗至现蕾这段时间称为苗期。冬油菜甘蓝型中熟品种苗期约为120天，约占全生育期的一半，生育期长的品种苗期为130~140天。春油菜的生育期较短，为40~50天。一般从出苗至开始花芽分化为苗前期，开始花芽分化至现蕾为苗后期。苗前期主要生长根系、缩茎、叶片等营养器官，为营养生长期。苗后期营养生长仍占绝对优势，主根膨大，并开始进行花芽分化。苗期适宜温度为10~20℃，高温下生长分化快。根据冬油菜育苗移栽的生育过程，苗期又可分为秧田期和大田期。秧田期油菜主根以下扎为主，并扩展根系，进行根茎充实，贮藏养料。大田期根系比茎叶增长速度快，这对于贮藏养料、安全越冬十分有利。

三 蕾薹期

油菜现蕾至初花的这段时期称为蕾薹期。油菜顶端花芽分化开始后，一簇花蕾逐渐长大，轻轻拨开主茎顶端2~3片心叶，能见明显的花蕾，称为现蕾。油菜现蕾抽薹时间的长短因品种和各地气候条件的不同而有差异，一般为30天左右。一般在2月中旬至3月中旬，是冬油菜一生中生长最快的时期。该期营养生长和生殖生长并进，但仍以营养生长为主，生殖生长则由弱转强。表现为主茎伸长、增粗，叶片面积迅速增大，在蕾薹期后期一次分枝出现，根系继续扩大，活力增加；花蕾发育长大，花芽数迅速增加，至始花期达最大值。蕾薹期是油菜丰产的关键时期，要求达到春发、稳长、枝多、薹壮。冬油菜一般在初春后气温5℃以上时现蕾，在气温到10℃以上时迅速抽薹。温度高会导致主茎伸长太快，易出现茎薹纤细、中空和弯曲现象，温度低于0℃则易导致裂薹和死蕾。

四 开花期

油菜始花至终花的这段时间称为开花期。开花期开始的早晚和持续的长短，因品种类型和各地气候条件而异。白菜型油菜开花早，适宜气温低，开花进程较慢，花期较长，一般在40~55天；甘蓝型油菜和芥菜型油菜开花迟，适宜气温较高，开花进程较快，花期较短，一般在25~30天。同类型、早熟品种开花早，花期长，反之则短。开花期主茎叶片长齐，叶片数达最多，叶面积达最大。至盛花期根、茎、叶生长则基本停止，生殖生长转入主导地位并逐渐占绝对优势。表现为花序不断伸长，边开花边结角果，因而此期为决定角果数和每果粒数的重要时期。开花期温度需要在12~20℃，最适温度为14~18℃；温度在10℃以下，开花数量显著减少；温度在5℃以下，不开花并易导致花器脱落，产生分段结果现象；温度高于30℃时虽可开花，却结实不良。花期降雨则会显著影响开花结实。

五 角果发育成熟期

终花至成熟的这段时期为角果发育成熟期。安徽省的油菜角果发育成熟期一般在4月下旬至5月下旬(30~35天)。此期叶片逐渐衰亡，光合器官逐渐被角果取代，角果皮进行光合作用，不断制造和积累营养物质。这一时期，角果皮的光合产物提供种子发育所需的营养物质。角果及种子形成适宜的温度为20℃，低温则成熟慢，日均温度在15℃以下则中晚熟品种不能正常成熟，温度过高则易造成逼熟现象，种子千粒重不高，含油量降低。昼夜温差大和日照充足有利于提高产量和含油量。田间渍水或过于干燥易造成早衰，以致产量和含油量降低。

春油菜生育期一般为80~100天，主要表现为从出苗至初花的营养生长期短，开花期与角果发育的时间长，但品种间差异较大。出苗至花原始体开始分化只有10天左右，而出苗至现蕾仅经历20天左右，开花至成熟所需时间与冬油菜差不多。春油菜生殖生长期相对较长，昼夜温差大，有利于种子发育。确保幼苗期营养生长充分且后期生长旺盛，是春油菜高产、稳产的关键。

第五节　油菜的温光反应特性

一　油菜的感温性

油菜一生中必须通过一段温度较低的时期才能现蕾、开花、结实，否则就停留在营养生长阶段的特性称为感温性。根据不同的感温特性，油菜可分为3种类型。

1.冬性型

这类品种对低温要求严格，于0~5℃条件下，经30~40天才能进入生殖生长。冬油菜晚熟、中晚熟品种属此类，如甘蓝型晚熟品种跃进油菜、胜利油菜，以及中晚熟双低品种中双2号。

2.半冬性型

这类品种要求一定的低温条件，但对低温要求不严格，一般在5~15℃条件下，经20~30天可开始生殖生长。一般冬油菜中熟、早中熟品种属此类，如多数甘蓝型品种秦油2号、中油821、湘油11号、华杂4号、皖油14等，以及长江中下游中熟白菜型品种。

3.春性型

这类品种可在较高温度下通过感温阶段。一般在10~20℃条件下，经15~20天甚至更短的时间就可开始生殖生长。冬油菜的极早熟、早熟品种和春油菜品种属此类，包括我国华南地区白菜型及甘蓝型极早熟品种，西南地区白菜型早中熟和早熟品种，以及西北地区的春油菜品种等。如甘蓝型早熟品种黔油2号，甘蓝型春油菜品种陇油1号（高油分，低芥酸），白菜型早熟品种门油4号，以及白菜型早中熟品种青油13号等。

二 油菜的感光性

油菜发育中还必须满足其一定长光照的要求才能现蕾开花的特性称为感光性。油菜是长日照作物，不同品种的感光性与其地理起源和原产地生长季节中白昼的长短有关，一般分为 2 种类型。

1.强感光型

春油菜在开花前经历的光照强，故一般对光照长度敏感，开花前需经过的平均日照时间为 15 小时。

2.弱感光型

冬油菜在开花前一般经历的光照较短，故对长光照不敏感，花前需经过的平均日照时间为 11 小时。

三 油菜温光反应特性的应用

1.引种

如将我国北方冬性强的冬油菜品种引到南方种植，油菜会因其低温条件未达到而出现发育慢，成熟迟，甚至不能抽薹开花的现象。反之，若将西南地区春性强的春油菜品种向北方引种，油菜则会因秋播过早而发育快，易早薹早花。一般长江中下游中熟品种可互相引种，而西南春性较强的品种则不能适应长江中下游环境，但可以引入华南等省，西南半冬性品种可引入长江中下游栽培。

2.品种的选择与搭配

一般来说，甘蓝型油菜在我国大部分地区种植能够实现高产、稳产，但在春油菜产区，尤其是西部高寒地区，仍以种植芥菜型油菜和白菜型油菜较多，特别是生育期短的白菜型早熟品种，可适应春种夏收或夏种秋收。在长江流域三熟制地区，则必须选用早中熟或中熟的半冬性品种，两熟地区则可以选用中晚熟、苗期生长慢的冬性品种，以利于争取更高的产量。在华南沿海地区，由于冬季气温高，只有生育期短的春性品种才能正常发育，而且该地区春季雨水较多，不利于油菜结果、成熟及收获，适宜栽培白菜型品种和极早熟的甘蓝型品种。

3.栽培管理

春性强的品种在秋季应适当迟播，若过早播种会发生早薹早花，易遭冻害；而冬性强的品种应适当早播，以利用冬前时间促进其营养生长，壮苗越冬，以利于高产。春性品种发育快，田间管理应提早进行，否则容易营养不足，产量不高。

第六节　油菜的引种规律

一 气候相似的原则

远距离引种，包括不同地区之间和不同国家之间的引种，为了避免盲目性，增强预见性，应注意原产地区与引进地区之间的生态环境，特别是气候因素的相似性。所谓气候相似论就是引种工作中被广泛接受的基本理论之一。这个理论的基本要点是，地区之间，在影响作物生产的主要气候因素上，应相似到足以保证作物品种互相引用成功时，引种才有成功的可能性。

二 纬度、海拔与引种的关系

纬度相近的东西地区之间的引种比经度相近而纬度不同的南北地区之间的引种成功的可能性更高。这是因为温度和日照主要是随着纬度的高低而变化的，水分的变化与纬度的高低也有一定的关系，但不完全取决于纬度。地处北半球的我国，在高纬度的北方，冬季温度低，夏季日

照时间长;在低纬度的南方则相反,冬季温度高,夏季日照时间短。

引种工作还需考虑海拔的高低。据测试,海拔每升高 100 米,相当于纬度增加 1 度,这主要是从温度上考虑,水分和光照因素并不一定是这样。因此,同纬度的高海拔地区和平原地区之间的相互引种不易成功,而纬度偏低的高海拔地区与纬度偏高的平原地区的相互引种成功的可能性较高。

三 油菜区引种互相适应的原则

油菜分冬油菜区和春油菜区,一般来说,冬油菜区内可以相互引种,春油菜区内也可相互引种, 但在冬油菜区要注意成熟期和抗寒性等问题。例如,从长江上游引种到长江下游应选择较晚熟的品种,从长江下游引种到长江上游应选择较早熟的品种,从长江流域引种到黄淮地区应注意抗寒性等。

第七节 油菜的产量形成

一 油菜产量的构成因素

油菜的产量由单位面积的角果数、每果粒数和粒重 3 个因素构成。在构成产量的 3 个因素中,单位面积的角果数变异幅度最大,在不同栽培条件下可相差 1~5 倍,特别是种植密度,因此单位面积的角果数是大面积生产中调节潜力最大的产量因素, 并且与产量形成一定的比例关系,基本上 1 万个角果可以获得 0.5 千克种子。每果粒数和粒重变异幅度则相对较小,在不同栽培条件下,相差最多不超过 1 倍,若为同一品种,则变量更小,一般每果粒数变化范围在 10%以内,千粒重在 5%以内。不过当产量上升到一定程度，单位面积的角果数已达到较高水平时，每果粒数与粒重对产量的影响则不可忽视。

二 产量构成因素的形成

油菜各产量构成因素是在生育过程中按照一定的顺序形成的。当植株通过一定的感温阶段，达到必要的营养生长量，主茎顶端开始分化花芽，这是角果形成的开始。当主花序第一个花芽分化进入孢原细胞形成期时，雌蕊内出现胚珠突起，这是粒数形成的开始。始花以后，当第一朵花的胚珠受精，经 4~5 天的胚胎静止期，胚珠开始发育、增重，这是粒重形成的开始。油菜产量的形成过程可概括为 3 个时期：第一，花芽开始分化至开花前为角果数、粒数奠定期。第二，始花和终花后 15 天左右为角果数、粒数定型期。第三，始花后约 25 天至成熟为粒重的决定期。

尽管油菜产量构成的 3 个因素是在花芽分化以后开始形成的，但是苗前期的生长量却是重要的基础。只有苗前期有足够的生长量，才能分化较多的叶原基，为分枝结角做好准备，并提高幼苗的抗寒能力。因此苗期要有足够的积温，以利于多出叶，但要避免过早通过春化、分化花芽。

第八节　环境条件对油菜产量和品质的影响

一 菜籽的化学组成

油菜种子成分复杂，主要含有水分、脂肪、蛋白质、糖类、维生素、矿物质、植物固醇、酶、磷脂和色素等。脂肪是甘油和脂肪酸组成的甘油三酯。甘油三酯是菜油油脂中的主要成分，而脂肪酸是甘油三酯合成的主要原料。油菜中含量在 0.5%以上的脂肪酸有 15 种以上，主要有棕榈酸、硬脂酸、油酸、亚油酸、亚麻酸、花生烯酸、芥酸 7 种。普通油菜籽油中芥酸含量特别高(在 45%~50%),人体不易吸收,利用率低,影响了油菜籽油的营养价值。亚麻酸容易氧化,使油脂变质败味,不耐贮藏。低芥酸油菜籽油的芥酸含量在 3%以下,油酸、亚油酸含量合计在 85%以上,亚麻酸含量在 6%左右,因此,低芥酸油菜品种是理想的优质油源。

油菜饼粕中约 80%的氮以蛋白质形式存在。菜籽蛋白质的氨基酸组成比较平衡,其中必需氨基酸的数量与大豆相似。

油菜饼粕含有硫代葡萄糖苷、单宁、芥子碱和植酸等物质,其中主要有害成分是硫代葡萄糖苷(硫苷)。硫苷是一类葡萄糖衍生物的总称,其分子由硫苷键连接非糖部分(糖苷配基)和葡萄糖部分组成,以钾盐或钠盐的颗粒形式存在于胚的细胞质中。硫苷本身并无毒,但吸水后可在芥子酶的作用下水解产生异硫氰酸盐、硫氰酸盐、噁唑烷硫酮、腈等有害产物。加热可使油菜饼粕中芥子酶失去活性,但禽畜肠道细菌的硫苷水解酶仍可将硫苷水解成有毒物质。低硫苷品种油菜饼粕的硫苷含量在 40 微摩尔/克以下,使油菜饼粕的利用价值大大提高。

二 环境条件对油菜产量和品质的影响

1.光照

光照条件与开花、结角及产量关系密切,光照充足,单位面积内适宜的角果数或角果皮指数较高,光照减弱,则结角率、每角粒数、千粒重、含油量降低。种子形成期光照减弱至自然光强的 1/4,含油量降低 16.63%。日照时长对种子中脂肪酸的组成有一定的影响,在一定范围内,亚油酸和亚麻酸含量随日照时长增加而降低。光照充足时,高芥酸品种的种子中芥酸含量也较高。

2.温度

冬油菜的有效花芽分化期在越冬前后,低温会使花芽分化速度和发育速度减缓。日平均气温在0℃、日最高气温在5℃以上时花芽才能缓慢分化，日平均气温在4~5℃、日最高温度在10℃以上才有利于花芽的进一步发育，巩固角果数。此时如遇0℃左右的低温天气即发生冻害，使大蕾冻伤。在胚珠形成期，较高的温度和充足的营养可以使胚珠数增加。所以冬油菜在前期形成的角果胚珠数较少，而后期形成的角果则较多。粒重增长的最适温度为日平均气温13~16.5℃。日平均气温在21~22℃时灌浆缓慢，成熟加快。油菜籽粒成熟期气温若高于25℃，养分会来不及转运，易造成高温逼熟现象，含油量会大大降低。寒冷气候有利于形成较多的不饱和脂肪酸。较低温度下芥酸含量会增加，较高温度则有利于油菜种子合成硫代葡萄糖苷。

3.水分

种子形成期的降水量对含油量影响显著，是关键的气象因子。据报道，在角果发育期间，茎和角果的生长对水分的反应显著大于施氮处理。田间渍水或干旱都会使油菜早衰，影响种子产量和含油量。

4.纬度和海拔的影响

油菜油分含量随着纬度的变化而变化，我国西北地区菜籽平均含油量为40.39%，华中地区菜籽平均含油量为35.39%，长江中下游地区菜籽含水量高，含油量为33%~37%。在长江下游，纬度每增加1°，含油量增加约0.4432%。一般海拔高的地区含油量相对较高。

三 农艺措施对油菜产量与品质的影响

将播期推迟至晚于最佳播种时间， 会降低种子的产量和含油量，增加自由脂肪酸含量。在一定范围内，种植密度大的菜籽含油量较高。有研究指出，栽培在中性和微碱性土壤上的油菜种子含油量较高，在酸性土壤上的次之，在碱性土壤上的含油量最低。捆扎或干燥未发育完全的油菜，能使未成熟的或成熟不均匀的油菜硫苷含量升高。

许多研究表明,单施氮肥特别是在抽薹后施用氮肥,菜籽粗蛋白含量会增加1%~3%,脂肪含量则会降低0.5%~2.0%,菜籽蛋白质以及硫苷含量随施氮肥量增加而增加,但当施氮肥量超过10千克/亩时,硫苷的含量则不再增长。钾和磷可以帮助油分的形成,配合施磷肥和钾肥,可显著减少单施氮肥降低脂肪含量的作用。磷钾肥还有降低硫苷、蛋白质含量的作用。优质油菜对缺硼反应敏感。增施硼肥有增加油菜脂肪含量及油酸、亚油酸的含量,降低蛋白质、芥酸、硫苷含量的作用。研究双低油菜的硫素营养证明,后期供应充足的硫能显著促进植株的开花结果,增加角果数、角果重及籽粒饱满度,利于油菜蛋白质向脂肪的转化或促进氨基酸向脂肪酸的合成,提高菜籽产量,使种子的含油量提高。但高量施硫能明显提高含硫氨基酸组成的蛋白质以及硫苷的含量。氮硫配合使用对提高产量和含油量有显著作用。施锌则可增加菜籽蛋白质和总氨基酸含量。

第九节　什么是优质油菜

一　优质油菜的含义

优质油菜一般指菜籽油中芥酸含量低,菜籽饼中的硫苷含量低的双低油菜。《油菜籽》(GB/T 11762—2006)中规定,双低油菜籽油的脂肪酸中芥酸含量不大于3%,粕(饼)中的硫苷含量不大于35微摩尔/克饼。目前油菜品种登记除特殊专用品种(如高芥酸品种、绿肥专用品种等)外,油用油菜品种品质必须达到《低芥酸低硫苷油菜种子》(NY414—2000)中规定的行业标准。

二 优质油菜的优点

菜籽油中的主要脂肪酸包括油酸、亚油酸、亚麻酸和芥酸等。优质双低油菜籽经过改良，所生产的菜籽油中芥酸含量降低，对人体健康有益的油酸、亚油酸含量大幅度提高，营养品质显著改善。油酸易于人体吸收且能够降低人体血液中低密度脂蛋白浓度（低密度脂蛋白浓度升高与动脉粥样硬化的发病率上升有关），但并不影响血液的高密度脂蛋白（血管硬化的预防因子之一）的浓度。双低菜籽油的油酸含量达60%，因此双低菜籽油曾被称为"最健康的油"。一般来说，亚油酸含量越高，食用油的品质就越好。亚麻酸和亚油酸一样，是维持人体生命活动，促进生长和保持正常生理机能的必需脂肪酸之一，但它会影响菜油的贮藏。亚麻酸含量不宜太高，以2%~4%为宜。高芥酸菜籽油中芥酸含量高，对人体健康有重要意义的油酸、亚油酸含量低，营养品质差。

硫苷是油菜种子中的主要有害成分，它本身无毒，但在酶的作用下会生成有毒物质。给母鸡喂食高硫苷油菜饼粕，不但会使母鸡体质下降、产蛋量减少，还会引发肺出血，致死率为62%~88%。优质双低油菜饼粕中硫苷含量低，毒性较低，可直接用于生产畜禽饲料，提高了菜籽饼粕的利用价值。双低油菜饼粕蛋白质含量可高达40%。1亩油菜产出的菜籽饼粕内所含蛋白质，可供应育肥1~1.5头猪所需的蛋白质量。这样的菜籽饼粕就可以作为牲畜和家禽的优质蛋白饲料，有利于畜牧业的生产和发展。

第二章 油菜优质高效栽培技术

油菜生产方式向轻简化、机械化发展。本章以油菜轻简化机械化、优质高效生产技术为主线，将油菜生产技术与实践结合，主要介绍实用性强的油菜优质高效栽培技术。

第一节 油菜轻简化、机械化优质高效栽培技术

一 品种选择

选用高产、稳产、优质、抗逆性强（抗病、抗倒、抗裂角）、宜机收、适宜当地种植的油菜品种（如中油杂 19、徽优 097、宁 R201、浙油杂 1403、邡油 777、秦优 1618、陕油 28 等）。杂交种纯度不低于 85%，净度不低于 98%，发芽率不低于 80%，水分含量不高于 9%；常规种纯度不低于 95.0%，净度不低于 98%，发芽率不低于 85%，水分含量不高于 9%。

图 2-1 抗倒抗病品种

二 大田准备

前茬作物收获后，根据茬口安排，可选用不同灭生性除草剂（草甘膦、草铵膦、敌草快等）防治前茬作物杂草。适墒（田间持水量的 60%~70%）耕翻，耕翻深度为 25 厘米左右。结合整地施足基肥，要求土壤上虚下实，土碎平整。整地后，用开沟机开沟作畦，沟土均匀覆盖畦面。畦宽应根据油菜播种（移栽）机械、收获机械等的作业要求确定，一般以 2 米左右为宜。畦沟深 20 厘米，沟宽 25 厘米；腰沟深 25 厘米，沟宽 30 厘米；围沟深 30~35 厘米，沟宽 35~40 厘米。做到沟沟相通，三沟配套，以利于排水和灌水。

对于秸秆还田田块，前茬留茬高度不超过 20 厘米，水稻秸秆切碎长度不超过 15 厘米，玉米秸秆切碎长度不超过 10 厘米，棉花秸秆切碎长度不超过 20 厘米，秸秆应均匀抛洒在田间。用拖拉机配套秸秆粉碎灭茬机进行粉碎灭茬，然后正旋耕 2 遍，或者用圆盘犁深耕灭茬，配套正旋耕，或者用反旋耕灭茬机整平。尽量做到表土相对平整、密实，无大量秸秆。

采用免耕种植田块，在油菜播种和基肥施用后，即可用开沟机开好三沟，将沟土均匀抛撒丁畦面，覆盖菜籽和肥料。

图 2-2　三沟配套，沟沟相通

三　适期播种

1.种子处理

（1）晒种。在播种前的晴天晒种 1~2 天，杀灭种子表面病菌，提高种子活力。

（2）拌种。可选用含杀虫剂、杀菌剂、生长调节剂、微量元素的拌种剂拌种。如用高巧（60%吡虫啉悬浮种衣剂）控制蚜虫，每千克油菜种子用 8~15 毫升；如用锐胜（30%噻虫嗪种子处理悬浮剂）控制甲虫，每千克油菜种子用 8~16 毫升。拌种时不要加水，晾干后播种。

2.播种时期

安徽江淮地区的播种时期一般在 9 月 25 日前后，淮北地区适当提早 5~7 天，沿江江南地区适当推迟 3~5 天。一般播种时期应不迟于 10 月下旬，在适宜播期内宜早不宜迟。晚播易遭受低温冻害。

3.播种量

播种量为每亩 300~500 克，依据秸秆还田量、土壤墒情和播期适当调整。一般秸秆还田量多,土壤墒情差,播期迟,播种量须加大,直播田块须保证亩成苗2万~3万株。

4.播种方式

(1)直播。直播可分为人工撒播、机械直播和无人机飞播三种方式。①人工撒播。播种时可将种子混合少量细沙或草木灰,便于均匀播种。②机械直播。采用油菜种肥一体化精量机械直播技术。该技术以精量播种为核心,使用大中型拖拉机,一次性完成灭茬、旋耕、开沟、起垄、施肥、播种、覆土、镇压等工序,省时、节本、高效。行距为30~40厘米,实行种子与肥料错层同播,种子播入表土层1~2厘米,肥料则施入耕层10厘米。可选用中轩2BFDN-10、2BQFX-6型等油菜精量直播机,中轩2BFDN-10兼具封闭除草等工序。③无人机飞播。无人机飞播的播种效率比人工撒播高10倍以上,而且播种均匀度更高。在作业前对无人机进行“去皮校准”操作,使得重量归零,并进行流量校准。根据亩播量和飞行时间加载油菜种子,按照预设程序进行飞播作业。飞行高度为3米左右,飞行速度为4米/秒左右。尽量选择无雨、无风天气进行作业,作业时风速应小于3米/秒。可选用大疆T30型和极飞P30型等无人机。

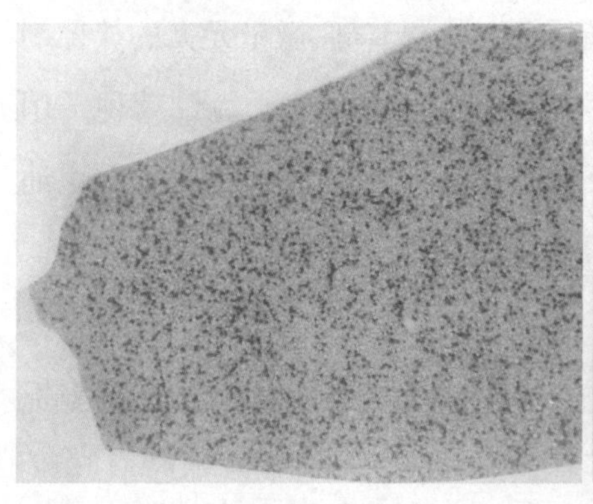

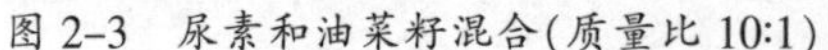

图2-3　尿素和油菜籽混合(质量比10:1)

图2-4　无人机飞播

(2)育苗移栽。在茬口紧张或高产田块可采用油菜毯状苗机械化育苗移栽技术。该技术能将油菜苗培育成像机插水稻秧苗一样的盘根成毯的毯状苗，使用油菜毯状苗移栽机可一次性完成切缝、取苗、送苗、栽插、覆土等连贯作业动作。

培育高密度毯状苗。可选用油菜专用基质或蔬菜用基质。采用育苗流水线育苗，基质无须浇水；采用人工育苗，育苗前一天，给基质浇足水。

垫膜装盘：苗盘尺寸为 58 厘米×28 厘米×2.5 厘米，装基质前，给苗盘垫上薄膜，覆膜后装基质，装至距盘口 5~8 毫米，用刮尺刮平，基质深 2 厘米左右。

药剂拌种：每千克油菜种子用 250 毫克/千克烯效唑溶液 30 毫升拌种，拌种时，反复搅拌，直至种子吸干水分，待播。注意烯效唑浓度需严格按照要求配制，不能过高，否则会造成种子不发芽。

播种浇水：采用专用播种器播种，播种量为每盘 600~700 株苗，播完种子后，盖土刮平，然后用喷雾器喷水至表层湿润。

叠盘暗化：叠盘不超过 40 盘，顶部用一个空盘子盖上，暗化 48~72 小时。

摆盘炼苗：苗盘要摆在阳光充足，地势平坦，浇灌、运输方便的地方。油菜种子暗化 48 小时左右时，要经常观察盘口出苗情况，当发现盘面大部分油菜两片子叶基本出土时，要将苗盘摆至户外，要始终保持盘土湿润。

保湿追肥：炼苗期间，需保持盘土湿润，叶色变浅时，可用 1%尿素溶液进行叶面喷施。

适时化控：播后 20~25 天，苗龄已达 3~4 叶期，苗高 8~13 厘米，此时油菜苗密度高，呈毯状，适宜起苗机栽。在此期间，若遇到高温或连续阴雨天气，田块无法耕整，机栽须延迟，可喷施 15%多效唑可湿性粉剂 1000~1500 倍液喷施，进行化控。

采用移栽机移栽。移栽机械有洋马乘坐式水稻高速插秧机、卸掉水

图 2-5　待栽毯状苗

图 2-6　可卷起的毯状苗

稻移栽机、装上油菜移栽机，如洋马 2ZYG-6 型油菜毯状苗移栽机；还有由拖拉机配套油菜移栽机，并精密设计而成的高速移栽机，如 2ZGK-6 型联合移栽机。前者在作畦后，可一次性完成切缝、取苗、栽插、覆土等作业程序；后者则无须作畦，可一次性完成犁翻埋茬、旋耕整地、移栽，实现耕栽一体和即耕即栽。

图 2-7　毯状苗卷起置于移栽机托盘架

图 2-8　毯状苗移栽

移栽时间：适宜移栽时间为 10 月 10 日至 11 月 10 日。

整地要求：毯状苗移栽需要较高的整地质量，要求土地平整（平整度偏差不超过±3 厘米)、土块较细(直径小于等于 3 厘米),墒情适中(10 厘米表层土的含水率为 20%左右),秸秆覆盖少。

机具调试:使用油菜移栽机栽插前,要进行机具调试。先装上秧苗,将株距和取苗量分别调至不同挡位,接合栽插离合器手柄,进行试栽。以作业速度小于 1 米/秒,株距为 14~18 厘米,深度为 1.5~5 厘米,每穴 1~2 株苗为宜。

起苗机栽:在苗龄为 25 天左右时,已达 3~4 叶期,苗高 8~13 厘米时即可机栽。起苗装箱时,一定要取出塑料薄膜,防止造成机械故障。在烂湿田块上机栽时,可去掉移栽机尾部覆土和镇压装置。

移栽密度:确保每亩成活基本苗 8000~12000 穴,每穴 1~2 株。

上水定根:若移栽后有充分降雨,则无须上水定根;若移栽后无雨或少雨,应及时灌水定根,使根部与土壤充分接触,提高成活率。在上水定根时,水不要淹没畦面,水位与畦面齐平即可,让其自然渗透。待土壤吸足水分后,及时排除沟内多余积水。

四 田间管理

1.肥料管理

按照一次性基肥或"一基一追"施肥原则科学施肥。一次性基肥可选用油菜专用缓释肥($N:P_2O_5:K_2O$ 为 25:7:8,含 Ca、Mg、B 等元素,或相近配方),每亩施用 40~60 千克作基肥。"一基一追"可选用油菜专用配方肥($N:P_2O_5:K_2O$ 为 24:9:7,含硼,或相近配方)作基肥,每亩施用 40~50 千克,或选择含氮磷钾高浓度复合肥(每亩 35~45 千克)加硼砂(每亩 0.5~1 千克)作基肥。在冬至前后,可视苗情每亩追施尿素 5~7.5 千克。基肥可随机械整地施入田里,也可在免耕田块开沟前用机械或人工撒施。

2.水分管理

适时灌溉。对于有条件的田块,在完成开沟和播种或移栽后,立即采取沟灌渗畦的方式灌溉，保证畦面湿润3天以上，可使表土下沉紧实，促进油菜快速出苗，加速秸秆腐烂。

清沟排渍。全生育期及时清沟，做到雨后田间无明显积水。

3.病虫草害防治

（1）除草。对油菜田除草的主要措施有耕前除草、土壤封闭和茎叶处理。

耕前除草：在前茬作物收获后，田块耕整前或免耕田块播栽前7天以上，每亩可用20%敌草快水剂200毫升，或68%草甘膦铵盐可溶粒剂100~150克，兑水喷雾，杀灭已出土杂草或残茬。

土壤封闭：在油菜播种盖土后3天内或移栽前5~7天，每亩可用金都尔（96%精异丙甲草胺乳油）45~60毫升，或禾耐斯（90%乙草胺乳油）50~60毫升，或35%异松·乙草胺可湿性粉剂（25%乙草胺+10%异噁草松）60~70克，兑水喷雾，封闭土壤，防除未出土杂草。田间要避免积水，土壤含水量不宜过高。异松·乙草胺适用于甘蓝型油菜移栽田块，施用后少量叶片失绿白化，属正常现象，轻症白化株可自行恢复正常。

茎叶处理：对于单子叶杂草，在杂草3叶期左右每亩可用10.8%高效盖草能（高效氟吡甲禾灵乳油）30~40毫升，或5%精喹禾灵乳油50~80毫升，或精稳杀得（15%精吡氟禾草灵乳油）50~70毫升，或24%烯草酮乳油20毫升，兑水喷雾，进行茎叶除草，其中烯草酮需在花芽开始分化前喷施，否则容易产生药害。

对于双子叶杂草，在杂草3叶期左右一般每亩可用50%草除灵悬浮剂30毫升兑水喷雾，对牛繁缕、繁缕、猪殃殃、雀舌草等有特效。草除灵只能用于甘蓝型油菜，且在大壮苗（6叶以上）上使用，并须严格控制剂量，否则极易造成药害。对大巢菜、稻槎菜、泥胡菜、小蓟等难防除阔叶草，每亩可用75%二氯吡啶酸可溶粒剂10克，或30%氨氯·二氯吡水分散粒剂（6%氨氯吡啶酸+24%二氯吡啶酸）30克，兑水喷雾。二氯吡啶酸不能用于芥菜型油菜,且使用后要注意对后茬敏感作物的影响。

(2)防病。主要防治菌核病和霜霉病。

对于菌核病,可选用咪鲜胺、多菌灵、菌核净等药剂适时防控。在初花期后1周内每亩可用50%咪鲜胺锰盐可湿性粉剂40~75克，或40%菌核净可湿性粉剂100~150克,50%多菌灵可湿性粉剂200~300克,或40%异菌·氟啶胺悬浮剂(20%异菌脲+20%氟啶胺)40~50毫升,兑水喷雾1~2次,间隔7天左右。

当霜霉病病株率达20%以上时，每亩可用64%杀毒矾（8%噁霜灵+56%代森锰锌）可湿性粉剂200克，或75%百菌清可湿性粉剂150~200克,或72%霜脲·锰锌(8%霜脲氰+64%代森锰锌)150~200克,或58%甲霜·锰锌(10%甲霜灵+48%代森锰锌)可湿性粉剂150~200克,兑水喷雾1~2次,间隔7天左右。

(3)治虫。油菜苗期主要防治菜青虫、小菜蛾和蚜虫,角果期主要防治蚜虫。

蚜虫。在田间蚜虫株率超过8%时,每亩可用10%吡虫啉可湿性粉剂30~40克,或2.5%敌杀死乳油(溴氰菊酯)20~30毫升,或80%烯啶·吡蚜酮(20%烯啶虫胺+60%吡蚜酮)水分散粒剂8~10克,或22%氟啶虫胺腈悬浮剂10毫升,兑水喷雾。

当百株菜青虫和小菜蛾量在20头以上时，在1至2龄幼虫危害盛期，每亩可用40%辛硫磷乳油50~75毫升，或10%高效氯氰菊酯水乳剂20~30毫升,或1.8%阿维菌素乳油25~30毫升,或20%氯虫苯甲酰胺悬浮剂10毫升,兑水喷雾。

(4)用药方法。危害重的田块农药剂量用上限,反之用下限,注意轮换用药以避免抗性产生。可采用无人机、田间行走机械等进行农药喷施。一般每亩兑水30~50千克喷雾。无人机喷药时,每亩用药液量为1~2升,无人机作业高度为距离植株冠层1.5米左右,飞行速度为4米/秒左右。

4.适时化控

在油菜3叶期或冬至苗偏旺田块，可每亩叶面喷施150毫克/千克多效唑或40毫克/千克烯效唑50千克，以促进油菜形成壮苗，防止早薹早花，提高菜苗抗倒伏和抗寒能力。一定要做到均匀喷雾，不可重喷、漏喷，避免长期或过多使用多效唑，不与有机磷农药、除草剂混用。

五 机械收获

因地制宜采用联合收获或分段收获。对于高产田、茬口紧张田块，建议分段收获；对于低产或茬口不紧张的田块，可采取一次性联合机收。

1.联合收获

在全田油菜角果外观颜色全部变为黄色或褐色，完熟度基本一致，或籽粒含水量下降到12%左右时，采用联合收获。注意调整好机械走速、留茬高度及幅宽，以减少落粒。如有腾茬需要，对生育期偏晚的田块，在全田80%角果颜色变成黄绿或淡黄时，可采用无人机每亩喷施20%敌草快水剂100毫升进行化学催熟，喷施5~8天后，用油菜联合收割机一次性收获。可选用星光4LZ-5.0Z型、久保田PRO758Q型、约翰迪尔3518型等联合收获机械。

图2-9 油菜联合收割机一次性收获

图2-10 处于联合收割适收期的油菜

2.分段收获

当油菜八成熟时，即全株三分之二角果呈黄绿色，主轴基部角果呈枇杷色，采用分段收获。先利用割晒机或人工将油菜割倒，待油菜晾晒7天左右，选择晴天且田间露水干后用拾捡脱粒机进行拾捡、脱粒及清选作业。可选用星光4SY-3.0型等割晒机，星光4SJ-2.0型等捡拾脱粒机。

六 储藏

油菜籽经清选、干燥后，含水量在9%以下时可装袋入库或放阴凉通风处储藏。

第二节　双低油菜高产保优栽培技术

种植双低优质油菜既能实现油菜高产、优质、增收，还能利用饼粕，提高油菜生产效益。

一 栽培要点

1.选择适应生态条件的优质良种

根据各油菜产区的自然生态条件和种植茬口的特点，因地制宜选择符合当地要求的优质双低油菜主导品种。安徽沿淮淮北地区可选用冬性或偏冬性油菜品种，江淮地区、沿江江南地区可选用半冬性品种，沿江江南地区还可适当搭配选用部分偏春性的早熟品种。

2.隔离防杂，连片种植

环境条件对芥酸、硫苷的含量影响较大，所以在茬口上要安排水旱轮作，防除自生油菜和土壤中的菌核。对于优质双低油菜必须做到集中连片种植，周边不种高芥酸油菜品种，防止串粉杂交和生物学混杂，以致降低菜籽品质，同时在油菜开花前要及时清除其他十字花科蔬菜的花薹。为确保油菜籽的商品质量标准，最好一个村、一个乡或一个县统一种植一个或几个双低油菜品种，实行统一供种、区域化布局，以推进油菜双低化进程。

3.适时早播，培育壮苗

适时早播能充分利用温、光、水、气等自然资源，培育壮苗，安全越冬。安徽省育苗移栽播期：两熟制地区9月中旬播种，三熟制地区9月中、下旬播种，苗龄30~40天。苗床与大田比以1:(4~5)为宜，每亩苗床播0.4~0.5千克种子。应给苗床施足底肥，足墒播种，苗床应防旱、防涝、防板结，力争苗齐、苗匀、苗壮。在出苗后，间除丛生苗，3叶期定苗，每平方米留苗120~130株。为培育矮壮苗和防止高脚苗发生，可于3叶期叶面喷施多效唑溶液。同时要加强苗期的肥水管理和病虫害防治。于移栽前1周，施送嫁肥，在起苗前一天浇透水，以便菜苗带土移栽，苗床上的底脚苗一定要废弃。

4.开好三沟，精细整地

前茬收获后及时耕翻，开沟作畦，施好基肥。旱地畦宽2~3米，稻田畦宽1.5~2.0米，沟宽20~25厘米，沟深20~30厘米，田块较大时要开好中沟，做到三沟配套。

5.适时移栽，合理密植

在苗龄35~40天时开始移栽。根据土壤肥力水平、移栽方式、茬口早晚确定最佳移栽密度，一般每亩8000~10000株。栽后浇足活棵水，缩短缓苗期。

6.配方施肥，必施硼肥

在前茬收获后要结合整地施足底肥，一般大田总施肥量为每亩折纯氮15~20千克、五氧化二磷8~10千克、氧化钾10~12千克。对于高产示范田要适当增施肥料，特别是有机肥。其中，以氮肥总量的50%，磷、钾肥总量的80%作基肥，其余肥料用作追肥。另外，每亩需底施硼砂 0.5~0.75 千克，在苗期和蕾薹期要用优质高效硼肥进行叶面追肥。

7.防治田间病虫草害

在苗床期应重点防治菜青虫和蚜虫。在苗期根据田间草情草相采用人工或化学药剂防治杂草。在初花期和盛花期要及时防治菌核病，5~7 天后再防治 1 次，一般每亩可用 50%福·菌核可湿性粉剂 80~100 克或 40%菌核净100~120 克兑水均匀喷施。

8.检测收储

在收获、运输、脱粒、仓储过程中，注意防止机械混杂。实行单收、单贮和单加工。

二 注意事项

双低油菜要水旱轮作不重茬种植。同期的十字花科蔬菜要除薹，不用非双低油菜果壳沤制的肥料作基肥。在苗期要注意防治蚜虫，还须特别注意后期菌核病的综合防治。

第三节　双低油菜秋冬发栽培技术

冬油菜是越年生作物，油菜越冬期的形态长相与后期产量存在着密切的关系，采用秋冬发栽培技术易于获得高产。油菜秋冬发栽培技术主要适合于长江流域两熟制、三熟制地区推广应用。双低油菜品种在冬前苗期一般会生长缓慢，更适合于秋发栽培。

一 秋发指标及高产原理

油菜是秋播作物，秋播就有秋发的问题。油菜在秋末开盘发棵，就称秋发。其形态指标:植株到秋末有绿叶9~10片,叶面积指数为1.5~2,每亩植株干重在150千克以上;在越冬前植株绿叶达13~14片,叶面积指数为2.5~3,每亩植株干重在250千克以上。这样的油菜就属于秋发生长型。

油菜在冬季生长得有大有小,苗子有5~6片绿叶过冬,叶面积指数在0.4以下,苗架长得像饭碗般大小的为冬养型;苗子有7~8片绿叶,叶面积指数在0.8左右,苗架似菜碗般大小的为冬壮型;苗子有9~10片绿叶,叶面积指数在1.5以上,苗架似钵子般大小的为冬发型。

一般而言,冬养型的油菜亩产只有50千克左右,冬壮型油菜亩产100千克左右,冬发型油菜亩产150千克左右,秋发生长型油菜亩产200千克以上。

二 高产栽培技术原则

1.三熟三高产的技术配套原则

(1)配好“三中”。三中指早稻、晚稻、油菜都用中熟品种,这样可使三者均实现高产。如果其中一季采用了早熟或晚熟品种,则无法实现全年三熟三高产。

(2)育好“三大”。三大指早稻、晚稻、油菜都要育好大壮秧苗,保证季季高产。就是早、晚稻要稀播,早稻培育扁蒲壮秧,晚稻培育大壮秧苗,油菜培育大壮苗,为三熟三高产打下良好基础。

(3)搞好三个配套。油菜大田和苗床配套,按苗床和大田的比例为1:5留足床。栽油菜的大田与前茬作物配套,使油菜能在10月上、中旬移栽。轮作换茬和连片种植配套,每年有计划地把油菜与小麦等轮换种植,并做到适当集中连片。

2.实施先进的栽培技术

“取上得中”法则,即采取上等的措施,也只能得到中等的产量。如果采取中等的措施，则只能得到下等的产量。根据生产上的不平衡性，专家曾提出“亩产100千克的产量，要求150千克的措施；亩产150千克的产量，要求200千克的措施”。比如，实行秋发栽培，要求苗子达到12~13叶越冬，生产上一类苗达到这个标准，面积占20%~30%；二类苗10叶左右，面积占50%；三类苗7~8叶越冬，面积占20%~30%。这三者平均结果为10叶，相当于冬发水平，在长江中游地区可以亩产150千克左右。如果实施的是秋发栽培，结果是获得冬发水平的产量；如果实行冬发栽培，则只能获得冬壮水平的产量。

3.把油菜生产的重心放在秋季

以往说油菜“老来富”，强调春后管理、重施薹肥，使人们形成一种印象，好像油菜生产的重心在春季。从生产管理工序来看，油菜春管工作是较少的，只有追施薹肥、清沟排渍、防治菌核病等。而秋季的工作则很多，诸如苗床整地、施肥、育苗、苗床管理、大田整地施肥、油菜移栽、栽后管理等，其工序比春管多得多，工作量也大得多。

三 栽培技术要点

1.品种选择

油菜有早熟品种、中熟品种和晚熟品种。从秋发高产角度考虑，以选用中、晚熟品种为宜，而冬发则应该选用中熟品种。双低优质油菜种子的芥酸和硫苷含量易升高，为了保证种子品质，提倡农民不留种，实行统一供种。

2.栽培措施

（1）采用育苗移栽。油菜育苗移栽一般比直播要增产二至三成。对水田三熟油菜要强调移栽，因为双季晚稻收获后直播，如果播种迟了，冬前苗子就长不大，达不到冬发水平，造成产量不高。在水田三熟制地区，油菜需要移栽，且要栽6~7叶的大壮苗。中国农科院油料所多年研究证明，移栽“三个七”（7片叶，7寸高，根茎粗0.7厘米）的苗比移栽“三个五”（5片叶，5寸高，根茎粗0.5厘米）的弱小苗，增产三至五成。

（2）“三早”栽培。①早播。秋发油菜要求提早播种，一般于9月上、中旬播种育苗，比一般播种时间提早10~15天。②早栽。秋发栽培要在10月上、中旬移栽，最迟不晚于10月底，比一般栽培时间提早15天左右。早栽气温高，容易返青成活，可栽4~5叶的中壮苗。为了能够早移栽，必须做好茬口安排。③早施肥。在施足底肥（占50%）的基础上，要增施并早施苗肥，用量占30%，可于10月下旬施肥，以充分利用11月的较高气温，快长快发（11月要求长5~6片叶），这是秋发栽培的重要施肥技巧。在12月施用有机肥作腊肥，不施速效氮肥，使油菜生长健壮，增强抗寒能力，保证安全越冬。薹肥约占20%，应在春节前施入。

在秋发基础上搞好春季管理，使营养生长和生殖生长协调，以保证油菜高产、稳产。

四 注意事项

秋发栽培以选用中、晚熟双低油菜品种为宜，冬发应选用中熟品种。在秋发的基础上搞好春季管理，注意防治蚜虫和菌核病，施用硼肥。

第四节　双低油菜轻简化节本增效栽培技术

推广双低油菜轻简化栽培技术，有利于减轻劳动强度，降低生产成本，抢时播栽，不误农时，减少水土流失和冬季土地撂荒，对于促进劳动力转移、稳定和扩大油菜种植面积、改善耕作制度、发展农村经济具有重要意义。

一 油菜免耕直播机开沟配套栽培技术

油菜免耕直播机开沟栽培技术是在前茬作物收获后,直接在稻板茬田面上施肥、撒播种子,然后在土壤宜耕期用开沟机开沟覆土,并将土均匀抛撒在畦面上的一种轻简化种植方式。

1.重施基肥

每亩施农家肥 1000 千克,高含量的氮、磷、钾三元复合肥 30~40 千克,硼肥 0.75~1.0 千克,将硼肥与有机肥混合,作为基肥施用,均匀地撒施在稻板茬田面上。

2.适期早播

一季稻收获后即可播种,一般 9 月 25 日至 10 月 5 日为适宜播种期。每亩播种量为 150~200 克,掺细土或细沙拌匀,均匀地撒在田中,再将肥料撒入田内,用三元复合肥作为基肥。亦可将种子与肥料混合均匀,一起撒下,可提高工效。

3.机械开沟与抛土覆盖

土壤湿度在 70%左右时为最佳开沟期,以保证抛土细碎均匀,有利于出苗。如果湿度过大,土层黏重,不能均匀覆土盖种,不利于出苗,湿度过小,泥土过干,不利于操作。畦面宽 150 厘米。如果畦面过宽,覆土厚度不够,而且中间低容易积水,不利于后期管理;如果畦面过窄,则覆土过厚,也不利于出苗。沟宽 20 厘米,沟深 15 厘米,将土均匀地覆盖在种子和肥料上,覆土厚度为 2.5 厘米左右。同时要开好腰沟、围沟,做到沟沟相通,方便排灌,有利于油菜生长。

开沟机械与方法:以拖拉机为动力,与 1KL18 型开沟起垄机相配套,同步完成开沟、抛土等工序,该机器能保证沟宽 25厘米,沟深 20 厘米,抛土幅宽 2.5 米以上。1 台该机器每天可开沟约 40 亩。

4.灌水促全苗,化杀除杂草

播种后及时灌平沟水,促进种子发芽出苗,提高出苗整齐度,切忌漫灌。同时根据当地杂草发生规律,选择适宜时期及除草剂消灭行间杂草。每亩用乙草胺 120 克,喷施厢面,封闭杂草。间苗结束后进行化学除草,禾本科杂草用高效盖草能或精克草能进行防除,阔叶类杂草用高特克或好施多等进行防除。

5.早间、定苗

在子叶期去密留稀,棵棵放单;在 2~3 叶期去小留大,叶不搭叶,留苗数为定苗数的 1.5 倍左右;在 5 叶期去弱留强,去病留健。每亩留苗密度一般为 1.2 万~1.8 万株。

6.追肥、覆盖

掌握“早施、轻施提苗肥,腊肥搭配磷、钾肥,薹肥重而稳”的原则。早施、轻施提苗肥,结合间、定苗,每亩用 250~500 千克人畜肥兑 3 千克尿素浇施。腊肥一般在 12 月中旬施用,以暖性半腐熟猪牛栏草粪和草木灰为主,覆盖苗面,壅施苗基。也可在寒流到来之前每亩用 150~250 千克稻草均匀覆盖在油菜苗的四周,对除草、保温、保墒和抗寒防冻、改善土壤结构都有好处。开春后施 1 次薹肥,一般亩施尿素 10~15 千克,做到见蕾就施,促春发、稳长。对长势旺的油菜,在 11 月底到 12 月初每亩用 15%多效唑 40~50 克,兑水 50 千克喷雾。

7.防病治虫

在苗期主要防治菜青虫、跳甲和蚜虫,可用大功臣、虫杀净等药剂防治。在春季后主要防治菌核病、霜霉病和蚜虫,重点是防治菌核病,在油菜主茎开花 95%时,每亩用 80%多菌灵超微粉 100 克或 20%使百克乳油 50 毫升兑水 50 千克均匀喷雾,7~10 天后用上述药剂再防治 1 次。

二 油菜免耕移栽机开沟配套技术

1.清沟排渍，机械化开厢沟

要求在水稻散籽后及时排水晒田。9月底至10月初，将收割后的稻田留稻桩15~25厘米，采用配套的机械开厢沟，标准为沟宽25厘米，沟深20厘米，厢宽1.8米。

2.及早育苗

在油菜的壮苗苗龄40天左右，达到6片真叶以上时移栽，应根据前茬作物的收获期，确定育苗播种期，一般在9月15日前后播种。

3.适时移栽

一般按每亩0.8万~1.2万株的密度移栽为宜，移栽时油菜苗要靠近穴壁，做到苗正根直，并及时浇定根水，或待整块田栽完后畦沟洇墒，有利于油菜早活棵，早发苗。如果遇到连续阴雨天气，要突击板田开沟，及时排除地表水，当板田墒情达到移栽要求时立即抢栽油菜。一旦出现苗等田现象，形成了高脚苗，移栽时应将高脚部分深埋土中，有利于防冻害、防倒伏。如果板田油菜移栽时遇旱，可在板田上灌1次“跑马水”，让田面湿润，适时进行移栽。

4.中耕、施肥、除草

油菜成活后，及早施用氮、磷、钾三元复合肥，每亩30~40千克，有机肥每亩3000千克，或者在开沟前将其作为底肥撒施在畦面上，机械开沟时，将沟土抛撒在畦面上，掩埋好肥料。对于免耕油菜，中耕除草要早，中耕要先浅后深，一般中耕2~3次，消灭杂草，疏松土壤，促进根系生长。在草荒严重时也可喷施除草剂(方法同第32页“耕前除草”的内容)。

5.早管促早发，培土防倒伏

在施肥上，一是在栽后及时浇施定根清粪水，二是在返青成活后早施提苗肥，三是重施开盘肥，四是看苗酌施蕾薹肥。在全田油菜封行前，结合追肥进行中耕培土，防止后期倒伏。培土要逐渐加厚，活棵后第一次培土要浅，以后逐渐加厚到5~6厘米，促根系下扎，以防除杂草，并防止后期倒伏。

6.防治病虫害

同第42页“防病治虫”的内容。

三 双低油菜稻田板茬免耕移栽技术

1.培育壮苗

选择土壤疏松肥沃、灌排方便的旱地，精细整地、精细播种，全苗后及时进行苗床管理，培育壮苗。

2.开沟覆厢

水稻收割前及时排水，以田间不见明水为宜。收获后立即挖好三沟，做到三沟配套，灌排畅通，能灌能排。将开沟土打碎均匀覆盖厢面。

3.化学除草

根据杂草发生规律选择适宜的防治时间与药剂进行化学除草。

4.抢墒移栽

（1）施足基肥。根据土壤供肥能力以及移栽期的早晚，合理施用基肥，基肥一般占总施肥量的50%~60%。对于中等肥力土壤，每亩施农家肥30~45立方米、饼肥50~60千克作为基肥；或每亩施化肥折纯氮10~12千克、五氧化二磷5~7千克、氧化钾4~6千克、硼砂0.5~0.75千克作为基肥。

（2）适期早栽。根据品种特性、土壤条件，适期抢早移栽。移栽密度一般每亩为8000~12000株。

（3）保证移栽质量。坚持大小苗分级移栽，移栽后浇足定根水，切忌大水漫灌。

5.大田管理

板茬移栽的油菜根系浅、后期易早衰，因此要早管，促早发稳长。

(1)苗期。根据苗情施好苗肥和腊肥,适时中耕松土,培土壅根,减轻冻害。及时观察苗期虫害,进行早期低毒高效药剂防治。对秋发早、长势旺的油菜,在11月中、下旬可用多效唑进行化控,有利于壮苗抗冻。

(2)蕾薹期。要根据油菜长势重施薹肥,特别是苗体偏小的田块要提前施用,苗体较大且落黄不明显的田块,要适当推迟施用,并减少用量。

(3)花角期。结合菌核病防治,搞好叶面施肥。

四 双低油菜少免耕套直播技术

1.品种选用

选用耐迟播、发芽快、株型紧凑、耐密植、抗病抗倒性强的双低油菜品种。

2.造墒备播

在旱地套播时,可在播种前清理田间杂草,适当旋耕松土,并根据土壤墒情和天气情况,播前适度灌墒洇沟,确保出苗快速、整齐。在稻田套播时,要提前开沟降湿,确保适墒播种。如果墒情不足,则可在播种前2~3天灌1次“跑马水”。关键是要做到一播全苗、齐苗、匀苗。

3.施足基肥

基肥占总施肥量的30%~40%。一般每亩施人畜粪便1000~1500千克、氮磷钾复合肥20千克、尿素5千克、硼砂0.5千克,施于前茬作物行间。

4.适期早播

根据前茬作物收获期确定油菜适宜播种期。稻田套播油菜共生期以不超过10天为宜。一般亩播种0.3~0.4千克。

5.开沟覆土

当土壤含水量下降后,用开沟机或人工开沟,沟深达到25厘米,保证灌排水畅通。

6.合理追肥

套播油菜的追肥原则是，早施苗肥，补施腊肥，早施重施薹肥。苗肥以速效肥为主，一般亩施尿素 3~5 千克或补施人畜肥。腊肥以有机肥为主。返青抽薹后早施薹肥，每亩施 5~7 千克尿素。

7.加强田间管理，防治病虫害

（1）间苗定苗。在 2~3 叶期要及早间苗，在 4~5 叶期前后，根据田间苗情长势和施肥水平定苗，一般每亩留苗 1.8 万~2.5 万株。

（2）化学调控。对长势旺的油菜在 11 月底到 12 月初，每亩用 15%多效唑 40~50 克，兑水 50 千克喷雾。

（3）防病治虫。对油菜菌核病要以防为主，综合防治，除采取合理轮作、种子处理、清沟排渍、降低湿度等措施外，一般在初花期及盛花期每亩可用 50%福·菌核可湿性粉剂 80~100 克或 40%菌核净 100~120 克兑水均匀喷施 1~2 次。

五 注意事项

免耕机械化开畦沟，畦面宽 1.2~1.5 米。应重视田间化学除草和越冬前中耕、追肥管理，注意防止油菜后期早衰和倒伏。

第五节 油菜一菜两用绿色高效栽培技术

油菜一菜两用绿色高效栽培技术一种两收指在收获常规油菜菜薹的同时，还能收获同等产量的油菜籽，可大幅提高油菜综合效益，减少蔬菜用地，具有明显的社会经济效益和生态效益。在油菜蕾薹期（株高 30 厘米左右）采收菜薹作蔬菜，食用起来脆嫩可口，口感甘甜。油菜薹食用部分由嫩花茎、嫩叶及花蕾 3 部分组成，嫩花茎、嫩叶各占 42%左右，花蕾

图 2-11 油菜菜薹采收

图 2-12 菜薹采收后油菜青角期长势

占16%左右。油菜蕾薹期油菜花蕾发育边缘花蕾与其中心的花蕾高度处在同一水平线上呈平台状的时期,称作平头期,该时期油菜薹发育最为充分,营养丰富,富含维生素 C 等营养成分。

一 产地环境条件

1.产地土壤的选择

应选择肥沃、有机质含量丰富的土壤,土壤有机质应符合《无公害农产品种植业产地环境条件》(NY/T 5010—2016)的规定,土壤酸碱度的要求为 pH 5~8,以弱酸性或中性最有利于油菜生长,忌土壤僵板不透气、冷浸田、土壤黏重地块。土壤应无重金属污染,土壤中的重金属含量应符合《土壤环境质量 农用地土壤污染风险管控标准(试行)》(GB 15618—2018)的规定。

2.种植基地的选择

菜薹种植基地要求选择远离生活区域的地方,人口密集的生活区域的生活垃圾比较多,水质容易被污染,并且土地污染现象也比较严重;避免选择在工业区附近,工业的废水、废气等污染物的排放,会对当地的土地造成污染。要求考察灌溉地水源是否充足并且清洁,保证绿色油菜薹的质量。

二 油菜品种选择

为了满足油菜一菜两用绿色高效栽培要求，要选择生育期较早、苗期生长势强，且冬发春发能力强的双低油菜品种。同时为了迎合消费者的口味需求，要求薹茎纤维相对较少，含糖量较高，口感好的品种。油菜品种品质应符合《低芥酸低硫苷油菜种子》(NY414—2000)中的要求，种子质量应符合《经济作物种子第 2 部分：油料类》(GB 4407.2—2008)中的要求。根据菜薹上市时间的要求可选择早熟油菜薹用品种及中晚熟油菜薹用品种。

三 整地施肥

1.土壤检测

在种植前对土壤取样，检测重金属含量是否达标。土壤的 pH 低于 7.5 时，土壤中重金属镉含量应小于 0.3 毫克/千克土，土壤中的其他重金属含量应低于《土壤环境质量　农用地土壤污染风险管控标准(试行)》(GB15618—2018)规定的农用地土壤污染风险筛选值。

2.整地施肥准备

整地质量是实现油菜全苗、齐苗、壮苗的关键。油菜生产主要包括育苗移栽和直播两种方式，整地准备具体要求如下：

(1)苗床地整地。选用土地平整肥沃，背风向阳，排灌方便的旱地、半沙半黏地作苗床，前茬作物为花生、芝麻或黄豆比较理想。油菜种子小，耕整要求达到“平、细、实、净、融”，即厢面平整，上层细碎并适当紧实、无残杂草、土肥融合。地势较低或土质黏重，必须做成高床，厢面宽 1.3~1.7 米，沟宽 0.33~0.5 米，沟深 0.15~0.25 米，便于排水。

(2)直播地整地。在前茬作物收获后，趁土壤湿润进行耕地，以免表土板结。耕后充分晾晒，疏松土境。在土壤干湿适宜时进行耕耙保墒。要求达到土细土碎，厢面平整无大土块，不留大孔隙，土粒均匀疏松，干湿适度。如前茬作物收获较晚，应抢时抢墒整地。厢面宽一般为 1.5~3 米，粗沟宽 0.3 米，深 0.2 米，做到四沟配套，沟沟相通。

3.施基肥

肥料使用应符合《肥料合理使用准则　通则》(NY/T 496—2010)中的要求。中等肥力田块每亩施复合肥 35~40 千克、尿素 6~8 千克、硼砂 0.5~0.75 千克。整地前 1~2 天均匀撒施。

四 播种

淮北平原油菜种植区的适宜播期为 9 月上、中旬，江淮丘陵油菜区的适宜播期为 9 月中、下旬，沿江平原油菜区适宜播期为 9 月下旬至 10 月上旬，皖南山区的适宜播期为 9 月下旬至 10 月上、中旬，最迟不超过 10 月下旬。如要采摘早薹可适当提前播种期。在适宜期内，尽量早播、早栽、早管、促早发壮薹，争取菜薹能在春节前上市。具体的播种期，根据品种的不同略有差异，要及时进行间苗、补苗、定苗，培育健壮苗。

播种时将每千克油菜种子与 2~3 千克土沙混合均匀，在中耕后及时将种子均匀撒播于厢面，然后耙平。每亩播种量以 200~250 克为宜，确保越冬期每亩达到 2 万~3 万株的基本苗要求。在种植密度方面，要根据具体的品种、土壤肥力、施肥能力等合理密植，以提高菜薹的产量，提高经济效益。

五 播后管理

1.开好三沟

播种后及时开好厢沟、围沟、腰沟，防止渍害，做到田间不涝不渍。

2.防除杂草

油菜播种后，及时用精异丙甲草胺(金都尔)、乙草胺等按照推荐量兑水均匀喷施，进行土壤封闭，防除杂草。在油菜3~4叶期，用精禾草克按推荐量施用，防除禾本科杂草。在棉田阔叶杂草发生较多时，用草除灵（高特克）按推荐量兑水喷施，进行防除。

3.追肥

在油菜3~4叶期，于雨前视苗情每亩撒施尿素4~5千克。在冬后返青期薹高5~10厘米时，每亩施尿素5~8千克。在蕾期和花期各喷施一次硼肥，每亩用持力硼50克兑水40~50千克，进行叶面喷雾。

六 病虫害防治

1.防治原则

按照"预防为主，综合防治"的植保方针，坚持"农业防治、物理防治、生物防治为主，化学防治为辅"的防治原则。

2.农业防治

选用抗（耐）病虫品种，对种植地块实行稻油模式等轮作方式，清理三沟，清洁田园，降低病虫害的发生危害。

3.物理防治

（1）黄板诱杀。在油菜苗期，根据蚜虫发生情况，在田间设置黄板诱杀，每亩悬挂30块25厘米×40厘米的黄色杀虫板。黄板悬挂高度为高出油菜顶部10~20厘米，诱杀蚜虫，以减轻蚜虫危害并防止传播病毒病。

（2）灯光诱杀。在小菜蛾发生期，根据小菜蛾发生情况，每30亩安装1盏频振式杀虫灯，诱杀小菜蛾成虫。杀虫灯高度以接虫口距离地面1.3~1.5米为宜，灯管功率为15瓦。集中连片使用。每日20:00开灯，24:00关灯。要定时清理灯上的虫垢和接虫袋内虫体。

4.生物防治

在油菜播种期，每亩用40亿孢子/克盾壳霉ZS-1SB可湿性粉剂45~90克或2亿孢子/克小盾壳霉CGMCC8325可湿性粉剂100~150克，兑水

40升并混合均匀，在播种之前喷施于地表后，把表面土壤翻入3~10厘米深的土壤中；在油菜开花期或菌核病发病初期，每亩用40亿孢子/克盾壳霉ZS-1SB可湿性粉剂45~90克兑水40升混合均匀后喷雾，应均匀喷于油菜的茎、枝、叶及花序上，并以植株中、下部器官为主。

5.化学防治

（1）虫害防治。当10%菜苗有蚜虫时，用20%杀灭菊酯2000~2500倍液，或50%抗蚜威2000~3000倍液喷雾，防治蚜虫；在菜青虫幼虫3龄前，用90%敌百虫结晶稀释1000~1500倍液，或灭扫利乳油2500倍液防治菜青虫。每亩用药量为75千克，机械喷雾，防治1~2次。农药使用应符合中华人民共和国农业部提出的相关规定。

（2）菌核病防治

用40%菌核净可湿性粉剂，或50%腐霉剂可湿性粉剂，或50%多菌灵可湿性粉剂300~500倍液，机械喷雾。每亩用药量为50千克。农药使用应符合中华人民共和国农业部提出的相关规定。

七 菜薹采摘与预处理

1.采摘时期

油菜菜薹生长抽薹长度达到30厘米左右，花蕾处于平头期时为进行菜薹采摘的最佳时期。

2.采摘规格

油菜菜薹采摘长度为10~20厘米，菜薹花蕾未开放，采摘时用刀片水平切下菜薹。

3.冷鲜保存运输

将采摘后的菜薹整齐放入蔬菜专用塑料泡沫箱密封，半小时内放入冷库保藏，并用冷链运输车运送至菜薹冷冻保鲜生产加工车间。

图 2-13 采摘下来的油菜菜薹

4.菜薹预处理

油菜菜薹样品在保鲜生产加工车间进行清选分拣，去除病虫叶与畸形样品，去除菜薹花蕾开放的样品，符合要求的样品用聚乙烯食品级塑料袋包装后放入蔬菜专用塑料筐，再储藏于冷库中。

八 菜薹采摘后管理

在油菜生长的过程中，要施追肥 30~50 千克和硼砂 0.2~0.5 千克。由于主薹摘除后分枝数增加，对养分的需求量比较大，所需要的养分要多于未摘薹的油菜，因此要重施腊肥，在冬至前后亩施土杂肥 3000 千克，尿素、钾肥各 10 千克。在油菜抽薹期，每亩追施尿素 5~10 千克，促进分枝。

另外，要适时适度摘薹，当主茎薹抽出 20~30 厘米时，摘薹 20 厘米左右，基部留足 10 厘米方便分枝。要注意，早抽的早摘，切忌大小薹一起摘而影响菜薹和菜籽产量。

九 油菜籽收获

终花后30天左右，全田角果现黄，主花序角果呈现枇杷黄色，种皮呈黑褐色，即应收割。机械收获可适当推迟5~6天，具体要求可参考《油菜联合收获机质量评价技术规范》(NY/T 1231—2006)。

图2-14　油菜机械收获

第六节　油菜扩种技术

我国食用油对外依赖度较高，食用植物油和饲用蛋白供给安全存在“卡脖子”隐患。油菜是我国第一大油料作物，也是唯一的越冬油料作物。利用冬闲田发展油菜生产潜力巨大，不仅不与粮食作物争地，而且有利于提高水稻等后茬作物产量。扩大油菜种植面积是提高我国食用植物油自给率，保障食用油和饲用蛋白供给与粮食安全的有效途径。

一 长江下游粳稻及滩涂地油菜扩种技术

1.技术要点

(1)选择适宜品种。选择生育期适中、优质、高产、抗病、抗倒、适应性好的品种。

(2)选好备足苗床地。选择地面平坦、土质疏松、水源条件好、四周无荫蔽、无根肿病和菌核病病源的地块作为苗床。不能选用前茬使用过阔叶除草剂的地块,每亩移栽大田至少需要苗床地 0.1 亩。

(3)搭建健康苗床。苗床厢面宽 1.3~1.8 米,厢沟宽 20 厘米;围边沟深 30 厘米,中沟深 20 厘米。整地时用氮、磷、钾总含量为 45%的复合肥 50 千克作为底肥,均匀撒施并耙匀混入土壤中。在根肿病发生较重地区,每亩苗床地用生石灰 100 千克,均匀撒施并耙匀混入土壤中。

(4)适期早播盖种。最佳播期在 9 月上、中旬,分厢定量播种,每 100 克种子与 500 克尿素混匀后均匀撒播。播种后,每亩苗床地可用多菌灵 100 克兑水 30 千克均匀喷雾,预防病害,并用少量的谷壳、稻草盖种,促进出苗整齐一致。

(5)提早定苗,培育壮苗。在子叶平展时第一次匀苗,在出现第一片真叶时第二次匀苗,在出现第三片真叶时定苗。每次匀苗或定苗后,可用清粪水搭配适量磷酸铵(每亩 3~5 千克)追肥 1 次。根据苗情,在油菜苗 3 叶 1 心时,每亩苗床地用多效唑控制幼苗旺长,促进根系发育,培育壮苗,避免出现高脚苗。

(6)加强监测,及时防治。出苗后根据需要,及时用噁霉灵等药剂防治油菜霜霉病、立枯病。

(7)抢时移栽,合理密植。在移栽前 7 天,用草甘膦除草剂防除过多过旺的杂草或返青稻茬。在苗龄 30~35 天、出现 5~7 片真叶时,选用壮苗带土移栽,适宜移栽密度为 6000~8000 株/亩。对于迟播迟栽的油菜,适当增大移栽密度。

(8)合理施肥。一般每亩移栽田施用纯氮10~12千克、五氧化二磷3~5千克、氧化钾4~5千克、硼砂1千克。可用占总施氮量60%的氮肥,以及所有磷钾肥和硼肥作为基肥,在移栽前均匀撒施在土面上,剩余的氮肥根据移栽后油菜苗长势,于根际表土追施1~2次。

(9)科学防治。根据免耕移栽田间病、虫、草害发生程度和种类,科学防治,注重绿色防控,减少农药施用量。①飞防菌核病。在盛花期用无人机每亩以25%咪鲜胺乳油40~50毫升,配合水溶硼肥和磷酸二氢钾兑水喷施,防治1~2次,间隔7~8天。②防治鸟害。采用田间布置稻草人、防鸟彩条等方式防治角果期鸟害。

(10)适期收获。当油菜全田2/3以上的角果呈黄褐色,主轴基部角果籽粒呈种子固有颜色时收获,割倒后在田间摊晒5~7天,再进行脱粒。可采用人工收打脱粒、联合收割机脱粒、捡拾脱粒机脱粒。

2.适用区域

主要适用于长江下游粳稻区和滩涂地等地区。

二 低洼冷浸田油菜扩种技术

1.技术要点

(1)适区选种。选用耐渍、耐迟播、抗倒、优质、高产油菜品种。

(2)种子处理。播前用新美洲星等拌种或用种卫士等包衣,以促出苗、防病害。

(3)旋耕灭茬播种。在水稻收获前10天左右排水晒田。在水稻收获时,留茬高度低于18厘米,将秸秆粉碎后均匀还田。最佳播种期为9月下旬至10月中旬,不迟于10月下旬。建议采用可一次完成旋耕、灭茬、施肥、播种、开沟作业的播种机,旋耕深度不低于25厘米,种子与肥料异位同播,肥料侧深施8~10厘米,每亩施用40千克左右复合肥(氮、磷、钾的有效成分含量均为15%)。对于苗情长势偏弱的田块,可于油菜3~5叶期,每亩追施尿素7.5~10千克。

(4)精量播种。每亩播种量为300~350克,成苗密度控制在每亩3万株左右,若播期推迟,密度则在每亩5万株左右。播种结束后,清理厢沟,要求厢宽1.5~2.0米,沟宽25厘米,沟深不低于30厘米。

(5)芽前封闭除草。播种后3天内,用乙草胺等除草剂进行芽前封闭除草。

(6)早防虫害。油菜苗期虫害主要有蚜虫、菜青虫等,可喷施阿维菌素等杀虫剂进行防控。

(7)促弱转壮。针对田间弱苗,于冬至前后喷施芸苔素内酯等生长调节剂,促进苗情转化,增强油菜抗冻性。如田间草害较重,可用高效烯草酮等除草剂防除。

(8)清沟排渍。在开春前及时疏通三沟,确保田间厢沟、围沟、腰沟三沟配套,达到沟沟相通、可排可灌,保证雨止田干、沟无积水。对于已经发生渍害的田块,可每亩追施氯化钾3~5千克,促进植株恢复生长。

(9)一促四防。在初花期7天后用无人机喷施新美洲星、速乐硼、磷酸二氢钾混合咪鲜胺等肥料、药剂,实施一促四防。对于菌核病重发田块,在盛花期再用无人机喷施咪鲜胺、菌核净、多菌灵等杀菌剂进行防治,轮换用药,增强防效。

(10)预防鸟害。可采用田间布置稻草人、彩条等方式,防治鸟害。

(11)适时机收。因地制宜,采用(机械或人工)分段收获或一次性联合机收。分段收获应在全田油菜70%~80%角果外观颜色呈黄绿色或淡黄色时,采用油菜割晒机或人工进行割晒作业,就地晾晒后熟3~5天,再用捡拾脱粒机进行捡拾、脱粒及清选作业。联合收获应在全田油菜角果外观颜色全部变为黄色或褐色,完熟度基本一致时,用油菜联合收割机收获。

图 2–15　鸟害

2.适用区域

低洼冷浸田指因地下水位高、排水困难，渍害重、产量低，处于冬闲状态的田块，主要分布在湖北省、湖南省、江西省、安徽省等地的平原湖区。

三 望天田油菜扩种技术

1.技术要点

（1）科学选种。如水田渍害严重，早熟禾、野燕麦等草害严重，选用中早熟、耐渍、苗期长势旺的品种；如旱地土壤保水蓄水能力差、易发生冬春干旱，选用耐旱、养分利用高效的品种。

（2）开好三沟。水田在水稻下弯时开沟排水，并注重深开围沟和腰沟，旱地应结合整地开好厢沟，做到三沟配套，特别是在地势较低的田埂处，要开挖深缺口（宽 35~40 厘米，深 40~45 厘米），以便顺畅排水。

（3）精量播种。对于土壤黏重、田间排渍不畅的区域，可采用无人机或人工免耕撒播；对于土壤黏重、田间排湿不畅且茬口矛盾突出的区域，可采用苗床地培育大壮苗，免耕或翻耕后人工移栽。育苗移栽，每亩准备苗床 0.1 亩，播种 100 克，移栽密度为 0.6 万~0.8 万株/亩。机械直播，每亩用种 400~500 克，亩保苗 2 万~3 万株。人工撒播，应按照每千克种子与 5 千克颗粒尿素混匀后,定量均匀旱播。

(4)精准施肥。育苗移栽,每亩施用纯氮 10~12 千克、五氧化二磷 3~5 千克、氧化钾 4~5 千克、硼砂 1 千克作为基肥,并根据移栽后的油菜长势,于根际表土追施氮肥或复合肥 1~2 次。机播、无人机飞播、人工撒播,一般每亩施尿素 20 千克、过磷酸钙 40 千克、钾肥 8 千克、硼肥 1 千克,后期看苗追肥,叶面喷施水溶肥 1~2 次。

(5)化控除草。望天田草害易加重发生,应在播种后 3 天内,用乙草胺喷雾除草。

(6)控旺促弱。对长势旺或直播密度大的田块,每亩喷施 5%烯效唑 40 克或 15%多效唑 60 克,提高油菜抗寒性。对长势偏弱的田块,可叶面喷施芸苔素内酯、新美洲星、碧护等生长调节剂,促进植株生长,增强抗逆性。

(7)灌水抗旱。蕾薹期易发生干旱,应及时清理沟渠,开辟水源抗旱。有灌溉条件的地区,可采取自来水浇灌、机械抽水洒施等方式浇水抗旱,应做到快灌快排,不留积水,切忌大水漫灌。无灌溉条件的地区,可通过叶面喷施抗旱保水剂(如黄腐酸等)等方式,增强油菜植株的抗旱能力。

(8)一促四防。可于盛花期用无人机或机动喷雾器,每亩以 25%咪鲜胺乳油 40~50 毫升配合水溶硼肥和磷酸二氢钾兑水喷施,重点防治菌核病,可间隔 7~8 天喷施 1~2 次。

(9)适时收获。对机械化程度高、茬口较紧张的区域,宜在全田 90%以上角果黄熟后,抢晴天一段式机收,将秸秆全部粉碎还田,以节本增效;对茬口矛盾不突出的区域,宜采取两段式机收,在全田 70%以上角果黄熟后,先用割晒机割倒摊晒 5~7 天,再用捡拾脱粒机脱粒,减少机收损失;在无机械条件下,可在全田 70%以上角果黄熟后,人工割倒摊晒 5~7 天,再人工脱粒。收获的油菜籽应及时摊晒或烘干,当含水率降至 9%以下后,进仓,单独贮藏,袋装存放或散装存放。

2.适用区域

该技术主要适用于长江流域两熟制地区，无灌溉工程设施、依靠天然降雨、抵御干旱风险能力较差的田块。

四 三熟制次适宜区油菜扩种技术

1.技术要点

（1）油菜种子包衣处理。在播种前1天，用噻虫嗪等包衣剂，按100:1种药比拌种包衣。

（2）油菜飞播。在水稻收获前3天左右采用大疆或极飞等无人机飞播，每亩种子量为300~500克。

（3）晚稻机收。晚稻留高桩机收，确保稻茬高度在35~50厘米，要求收割机具备秸秆粉碎喷撒装置，将晚稻秸秆粉碎后，喷撒还田。

（4）油菜施肥。在水稻收获后，可一次性每亩施壮油菜专用缓释肥30千克。

（5）开沟覆土。在施肥后，采用盘式开沟机进行机械开沟抛土作业，按厢宽2~3米开沟，做到三沟相通，开沟抛土后，可人工耙匀，以盖住种子和肥料。

（6）茎叶除草。在播种后3天内，用乙草胺等除草剂进行芽前封闭除草。

（7）科学防虫害。油菜苗期虫害主要有蚜虫、菜青虫等。若种子没有进行包衣处理，可用阿维菌素等药剂进行防控。

（8）间苗定苗。一般无须间苗，定苗要确保油菜幼苗密度为4万~5万株/亩，确保后期产量。

（9）促进冬季生长。根据苗情长势，对弱苗可追施腊肥，每亩尿素3~4千克，并喷施新美洲星水溶性肥、碧护等生长调节剂促进生长。对旺长苗，喷施烯效唑或多效唑控制旺长，确保幼苗安全越冬。

(10)冬季清沟排渍。及时疏通围沟、厢沟、腰沟,对排水沟渠进行清理,有利于提高土壤温度,促进冬季生长。

(11)春季管理。在开春前疏通三沟,做到厢沟、腰沟和围沟三沟相通,确保雨后田间无明水,预防渍害。

(12)飞防菌核病。于盛花期用无人机,每亩以氟唑菌酰羟胺(麦甜)50 毫升或戊唑·咪鲜胺(戊唑醇+咪鲜胺)配合新美洲星抗逆剂 50 毫升进行喷施,以降低油菜菌核病发病率。

(13)放养蜜蜂。在油菜地边,每 100 亩放置 1~2 个蜂群,提高授粉结实率,实现蜂蜜、油菜双丰收。

(14)注意鸟害防治。采用防鸟彩条等防治角果期鸟害。

(15)分段收获。在全田所有油菜植株角果呈现枇杷黄色,或者籽粒含水量降至 20%以下时,用分段收获机割晒,在田间晾晒 5 天后,采用捡拾脱粒机收获。

2.适用区域

该技术主要适用于偏北的双季稻或再生稻产区。

五 三熟制适宜区油菜扩种技术

1.技术要点

(1)排水晒田。晚稻田及时开沟排水,降低土壤湿度,促进晚稻提早成熟,为油菜播种做准备。

(2)科学选种。选择生育期 180 天左右的早熟、短生育期品种,如阳光 131 等。

(3)种子包衣。在播种前 1 天,采用噻虫嗪等包衣剂,按 100:1 的种药比进行拌种包衣。

(4)高效施肥。在水稻收获后,可一次性每亩施壮油菜专用缓释肥35千克。

(5)茎叶除草。在播种后3天内,用乙草胺等除草剂进行芽前封闭除草。

(6)科学防虫害。油菜苗期虫害主要有蚜虫、菜青虫等,可喷施阿维菌素等杀虫剂进行防控。

(7)间苗定苗。确保油菜幼苗密度在4万~5万株/亩,搭建高产群体,确保后期产量。

(8)越冬水分管理。清沟排渍,疏通三沟,做到厢沟、腰沟和围沟三沟相通,雨后田间无明水,有利于提高冬季地温、促进生长和防范春季渍害,降低菌核病发病率。

(9)促进冬季生长。根据苗情长势,可对弱苗追施腊肥,每亩施用尿素4~5千克,并喷施新美洲星水溶肥、碧护等促进生长。对旺长苗,可喷施烯效唑或多效唑控制旺长,促进幼苗安全越冬。

(10)飞防菌核病。在盛花期用无人机每亩以氟唑菌酰羟胺(麦甜)50毫升或戊唑·咪鲜胺(戊唑醇+咪鲜胺)配合新美洲星抗逆剂50毫升进行喷施,降低油菜菌核病发病率。

(11)放养蜜蜂。在油菜地边,每100亩放置1~2个蜂群,提高授粉结实率,实现蜂蜜、油菜双丰收。

(12)收获。①化学催枯联合收获。当全田所有油菜植株角果呈现枇杷黄色时,采用无人机喷施立收谷(敌草快催枯调节剂)进行化学调节催枯,可提早成熟3~5天。在化学催枯4~6天后,采用联合收获机一次性收获。②分段收获。在全田所有油菜植株角果呈现枇杷黄色,或籽粒含水量降至20%以下时,用分段收获机割晒,在田间晾晒5天后,采用捡拾脱粒机收获。

2.适用区域

该技术主要适用于长江流域三熟制区,包括湖南省(衡阳市、永州市)、江西省(吉安市、赣州市)、广西壮族自治区(桂林市)等地区。

六 北方春油菜区油菜扩种技术

1.技术要点

（1）品种选择。选择高产、高油、抗病和抗倒性强的优质双低油菜品种。

（2）种子处理。对种子全部进行复式和螺旋式精选，要求籽粒均匀，发芽率在90%以上，净度在98%以上，杂交种种子纯度在90%以上，常规种纯度在98%以上，水分含量在10%以下。可用噻虫嗪等种子处理剂拌种。

（3）选地整地。选择有深松基础的小麦、蚕豆、马铃薯等非十字花科作物为前茬作物的肥沃地块。在无灌溉条件的干旱地区，秋季收获后不整地，通过秸秆粉碎、抛撒、覆盖等措施，充分利用冬春雪，增加地表墒情，起到抗旱保苗作用。待春季冰雪融化后及时播种、镇压，使表土形成一层硬壳，达到防风保墒的目的。

（4）适期播种。最佳播期的气象指标是日平均气温稳定在5℃以上。采用机械开沟条播，播种深度要严格控制在2~3厘米。在新疆、内蒙古等地区，宜推广免耕防风播种技术，解决免耕播种机覆土不严、镇压不实的问题，免耕播种机应配备镇压轮镇压。

（5）合理密植。种植双低杂交油菜，每亩用种350~500克。对于干旱无灌溉地区，亩保苗5万~6万株；对于有灌溉条件或雨水较多地区，亩保苗1.5万~3万株。

（6）防除杂草。如果地块杂草较多，可于播前2~3天用草甘膦等药剂进行灭草。针对化除效果差的垄间自生油菜、藜等恶性杂草，可用中耕追肥一体机灭除1~2遍：第一遍在3~5叶期，以铲草为主，入土深度为3~5厘米，将地表的杂草和自生油菜铲除；第二遍在6叶期至封垄前，以浅松、中耕为主。

（7）虫害防治。主要害虫有跳甲、茎象甲、蚜虫、露尾甲、小菜蛾等，要根据害虫发生规律，把害虫消灭在初发期。合理轮作，尽量避免与其他十字花科作物轮作。使用黄（蓝）色诱虫板、黑光灯等诱杀成虫。针对跳甲、茎象甲，可在播种前用35%毒氟种衣剂或70%噻虫嗪种衣剂拌种，也可在苗期用阿维菌素等杀虫剂防治。针对蚜虫、露尾甲、小菜蛾等，每亩用5%阿维菌素乳油50~60毫升兑水15千克，喷施2~3次。

（8）防控菌核病。在花期可用菌核净或多菌灵等杀菌剂喷雾防治菌核病。

（9）因墒灌溉。在初花期前后，视墒情适时浇水，以增粒数、促粒重。

（10）适期割晒。全田叶片基本落光，植株主花序70%以上角果变黄，分枝角果80%开始退绿时，为最佳割晒期。利用适宜的割晒机进行割晒，割茬高度控制在20~30厘米。

（11）脱粒收获。在晾晒7~10天后，油菜籽水分降至18%~20%时，即可开始拾禾，拾禾后的油菜籽及时用烘干塔烘干，将油菜籽水分降至安全水分。在籽粒水分降至13%以下时拾禾，拾禾时间避开中午高温、干燥时段，宜在早晚空气湿度大时，用机械集中拾禾、脱粒。采用联合收获机直接收获时，宜采用携带粉碎装置的大型联合收获机械，油菜成熟度须在90%左右，要求收割脱粒干净，总损失率小于5%，割茬高度在10~30厘米，将秸秆粉碎后还田。

2.适用区域

该技术主要适用于内蒙古自治区、青海省、甘肃省等春油菜主产区。

第三章 油菜病虫草害综合防治技术

我国油菜病虫种类有百余种，但由于各地自然、耕作和栽培条件不同，病虫种类和危害程度差异很大。在南方冬油菜产区，主要病虫种类有菌核病、病毒病、霜霉病、白锈病、萎缩不实病，蚜虫、菜粉蝶、豌豆植潜蝇等。在北方春油菜产区，主要有蚜虫、黄条跳甲、大菜粉蝶和甘蓝夜蛾等，病害发生较轻。油菜田的杂草一般分为禾本科杂草（单子叶杂草）和阔叶杂草（双子叶杂草）。禾本科杂草主要有看麦娘（或称麦娘娘、麦陀陀、棒槌草、晃晃草）、牛毛草（牛毛毡）、早熟禾（或称稍蒐、小鸡草、冷草）、棒头草等。阔叶杂草主要有禾繁缕（又称鹅儿肠、鹅肠草、鸡印草）、猪殃殃（又称拉拉藤、麦蜘蛛、粘粘草）、碎米芥、播娘蒿（米米高）、雀舌草、通泉草（野芥菜）、婆婆纳等。北方春油菜区还有稗草、野燕麦、狗尾草等禾本科杂草以及藜、苋等春季发生型杂草。近年来随着油菜生产的发展，尤其是优质双低油菜在各地的种植，病虫危害有加重的趋势，特别是自然条件适合病虫害发生的年份，某些病虫害常常流行成灾，苗期造成死苗缺株，甚至全田毁种。开花结角期病虫草害可致植株枯死导致减产，菜籽含油量降低，种子质量变劣。而随着油菜面积的扩大，复种指数的提高，施肥量的增加，草荒已经成为发展油菜生产和提高油菜生产水平的重要制约因子。其原因：一是杂草与油菜争肥、争水矛盾突出，严重影响了油菜的正常生长发育，甚至造成严重减产；二是增加劳力投入，劳动强度增大，而且很难达到理想的除草效果；三是人工除草易损伤根系，影响油菜苗生长，严重时造成伤根死苗；四是除草效果受气候条件的制约，在长期阴雨和田间湿度大的情况下，不容易人工除草，被除杂草也容易死而复生；五是杂草易造成田间荫蔽，增加田间湿度，有利于病虫滋生，特别易诱发油菜菌核病、霜霉病。因此，掌握病虫草害发生规律，贯彻有效的防治措施，是确保油菜高产稳产的一项重要措施。

第一节 油菜病害及其防治

一 菌核病

油菜菌核病，又名茎腐病，俗称白秆、麻秆、霉蔸和搭叶烂等，是我国乃至世界油菜生产中危害极大的一种真菌病害。菌核病在世界冬油菜区和春油菜区均有发生，在我国以长江、黄河流域和东南沿海危害最严重。一般使产量损失 10%~20%，严重时可损失 40%~50%。

1.发病症状

油菜的幼苗、叶片、茎秆、花瓣、角果和种子均能被菌核病病原菌侵染，全生育期都能发病，尤以盛花期最重。一般多由感病的花瓣落到植株的叶片上引起整个植株感染发病。在感病初期，叶片上的病斑呈暗青色、湿腐状，随后逐渐扩大形成圆形或不规则形的浅褐色轮纹病斑，外围有浅黄色的晕圈，干燥时病斑穿孔破裂，潮湿时病斑扩展并腐烂，并长出许多白色的絮状霜层。茎秆和分枝上的病

图 3-1 苗期菌核病

斑，早期呈棱形或条形，稍微凹陷，中间白色，边缘褐色，呈水渍状。当湿度较大时，病斑蔓延很快，使茎秆整段变白，长出很多白色菌丝。到了后期，菌丝于茎秆和分枝内形成黑色鼠屎状的菌核，致使一些分枝或整株死亡。

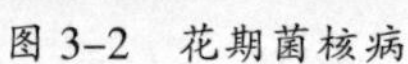
图 3–2 花期菌核病

图 3–3 青角期菌核病

2.发病条件

菌核病病原菌在土壤、种子和油菜病株残体中越夏，到次年春季在适宜的湿度和气温条件下萌发繁衍。其对油菜的危害程度与该菌源数量、温度和湿度等因素有关，所以一般在开花期间雨量大于 50 毫米时发病较重，小于 50 毫米时发病较轻，低于 10 毫米时病害很难发生。当春季雨水较多，或者油菜种植在低洼、渍水的潮湿地块，气温适宜于病菌生长时，菌核病发生严重，早春寒潮和大风侵袭也有利于病害发生。施肥过多或过迟，尤其是氮肥施用不当，使油菜枝叶茂盛，田间通风透光差，湿度大，发病率高。油菜重茬地，由于土壤中菌核量大，也易发病。

3.防治方法

(1)农业防治。根据菌核在水中能被泡死的特性(菌核在水田中浸泡 1 个月即可腐烂死亡)及其传播和侵染规律，可采取下述措施进行综合防治：与水稻或麦类等作物轮作，最好与水稻轮作；深翻土壤，使菌核深埋土中，难以萌发、传播；选用抗病品种；进行种子处理，播种时用盐水（0.5千克盐水加水5千克）浸泡种子，剔除或减少混杂的种子中的菌核；油菜田要求厢窄、沟深，便于排水滤渍，降低田间湿度；根据不同品种的生育期和耐病状况适时播种，避开菌核病的发病高峰期；合理密植，避免因植株密度过大、田间通风透光差造成的病原菌生长繁衍；氮、磷、钾肥适量适时配合施用，使油菜健壮，不易被病原菌侵染；在春季进行中耕松土，将部分子囊盘深埋土中，在花期摘掉老、病叶，减少菌源数量，降低发病率。

（2）药物防治。可用50%速克灵可湿性粉剂2000~3000倍稀释液，或40%灭病威悬浮剂400~500倍稀释液，或50%多菌灵可湿性粉剂300~500倍稀释液，或40%菌核净可湿性粉剂1000~1500倍稀释液，进行防治。一般选择在花期的无雨天用植保无人机喷施1~3次。

二 病毒病

油菜病毒病在全国均有发生，以西南和华东油菜产区最为严重。一般发病率在10%左右，严重的在50%以上，一般年份减产10%~20%，重病年份减产30%以上。且饼粕品质会因此变劣，产量下降。

1.发病症状

不同类型油菜上的症状差异很大。甘蓝型油菜苗期的主要症状为枯斑型和花叶型2种。前者先出现在老龄叶上，然后向新生叶上发展；后者主要表现在新生叶上。枯斑型可分为点状枯斑和黄色大斑2种。前者病斑很小，直径在0.5~3毫米，表面淡褐色，略凹陷，中心有一黑点，迎光透视呈星藻状，叶背面病斑周围有一圈油渍状灰、黑色小斑点；后者病斑较大，直径在1~5毫米，斑淡黄色或橙黄色，呈圆形、不规则形或环状，与健全组织分界明显。

枯斑型常伴随着叶脉坏死，使叶片皱缩畸形。花叶型症状与白菜型油菜症状相似，支脉和小脉呈半透明，叶片变为黄绿相间的花叶，有时出现疱斑,叶片皱缩。茎秆症状的主要特点是在茎、枝上产生色斑,可分为条斑、轮纹斑和点状斑3种。条斑在茎秆一侧初出现,是2~3毫米长的褐色至黑褐色棱形斑,中心逐渐变成淡褐色,病斑会从上下两端蔓延成长条形枯斑,可以从茎基部蔓延至果枝顶部,条斑后期纵裂,裂口处有白色分泌物,条斑连片蔓延后常致植株半边或全株枯死。轮纹斑在茎秆上初现菱形或椭圆形,长约2~10毫米,病斑中心开始有针尖大的枯点,枯点周围有一圈褐色油渍状环带,病斑稍凸出,继续扩大时,中心呈淡褐色枯斑,上有白色分泌物,外围有2~5层褐色油渍状棱形环带,形成多层同心轮纹斑。病斑可扩大至长为1~10厘米。病斑多时可连接成一片,使茎秆呈花斑状。点状斑在茎秆上散生,呈黑色针尖大的斑点,斑周稍呈油渍状,病斑密集时,斑点并不扩大。

成株期植株症状,株型矮化、畸形,薹茎短缩,花果丛集,角果短小扭曲,有时似鸡脚爪状,角果上有小黑斑。

2.发病条件

病毒病在田间主要通过蚜虫传播,病株的病毒汁液可以传播病毒。病株的种皮能携带病毒,但不传毒。传毒蚜虫主要有萝卜蚜、桃蚜和甘蓝蚜等数种。芜菁花叶病毒和黄瓜花叶病毒都是非持久性病毒,蚜虫得毒、持毒和注毒时间都很短。在芜菁花叶病毒病株上吸吮5~20秒钟就可以获得病毒。传播黄瓜花叶病毒时,吻针插入病组织25秒钟,病毒获得率很高,接种效率也很高。持毒蚜虫在健康植株上吸吮不到1分钟就可以传播病毒,但1次传毒后,只要经过20~30分钟,传毒力就会消失。

在秋播油菜区,病毒在十字花科蔬菜和杂草,如苋菜、芥菜、臭荠、车前草及辣根等植物上越夏,到了秋季先传播至早播的十字花科蔬菜如萝卜、大白菜、小白菜,然后传入油菜田。油菜子叶期至抽薹期均可感病,尤以3~7叶期为易感期。潜育期的长短受气温的影响最大,一般为7~30天;潜育期在日平均气温为23℃时为7~10天,在日平均气温为13℃时为

10~20天，而日平均气温在5℃以下或30℃以上时病毒不易侵染或不显症。苗期病株常在出苗后1个月左右,约5片真叶期前后出现。病毒在病株体内越冬。在春季旬平均气温达到10℃以上时,病害症状逐渐表现明显,一般在终花期前后达到发病高峰。

3.防治方法

预防苗期感病是防治的关键。一般甘蓝型油菜较抗病,在病毒病发生严重的地区,应尽可能种植甘蓝型油菜。在病害大流行年份推迟播种10~15天,可以避病而起到减轻危害的作用。在油菜出苗前和油菜出苗后至5叶期间,应加强对油菜地附近的蔬菜蚜虫的防治,可大量减少有翅蚜向油菜地迁飞传毒。或在油菜地边设置黄板,以诱杀蚜虫。或在油菜播种后,用蚜虫忌避的银灰色、乳白色或黑色色膜覆盖油菜行间,覆盖率为45%左右,覆盖时间为40~50天。或用色膜带张挂在油菜地,距地面0.5米,一般3~4平方米1条带。上述措施均能起到驱蚜防病作用。苗床地远离十字花科蔬菜地,在苗期勤施肥、勤灌水,在移植前拔除病苗,在苗床周围设置屏障如种植高秆作物,可减少有翅蚜向油菜苗迁飞。

三 霜霉病

霜霉病在全国各油菜产区均有分布,尤以长江流域、东南沿海及山区冬油菜区发病最重。3种油菜类型中以甘蓝型油菜发病最轻。一般发病率为10%~30%,严重者可达100%,可致全田植株枯死。

1.发病症状

病菌可浸染叶、茎、花、花梗和角果等部位。叶片感病后,初现淡黄色斑点,病斑扩大受叶脉限制,呈不规则形的黄褐色斑,叶背病斑上有霜状霉层,即病菌孢子囊和孢子囊梗,严重时全叶变褐枯死。茎薹、分枝和花梗感病后,病部初生褪绿斑点,后病斑扩大,呈不规则形的黄褐色病斑,病斑也和叶片一样着生一层霜霉状物。花梗发病后,常常肥肿、畸形,花器变大、变绿，呈龙头状，表面光滑，上面也出现霜状霉层。全株受害严重时，整株布满霜霉，变褐枯死。

2.发病条件

病原菌在长江流域冬油菜产区主要以卵孢子在龙头和病残株内或随残株落入土壤、粪肥中或混杂在种子中越夏。秋季卵孢子发芽侵染秋播幼苗，引起幼苗发病。幼苗发病后，产生孢子囊，随风雨传播，进行再侵染。一般情况下，温度决定病害的发生期，雨量决定病害的严重程度。长江流域冬油菜产区，12 月份气温下降至 7℃以下，不利于孢子囊萌发和侵染，因而苗期发病轻，主要在子叶和近地面的真叶上发病，1—2 月份温度在 5℃以上，病菌处于潜伏越冬状态。春季 3—4 月份温度上升，一般在10~20℃，昼夜温差较大，且正逢多雨季节，月平均降水量为 150~200 毫米，植株上结露时间长，有利于病菌侵染，这一阶段是霜霉病流行阶段。霜霉病病菌是以卵孢子在龙头或病株残体内或落入土壤中越夏，因而连作地或与上年油菜收获地相邻种植，田间菌源量大，病害则重；而轮作地且前茬作物为水稻者发病则轻。氮肥施用过多、过迟，植株贪青徒长，组织柔嫩，后期倒伏，株间过度郁闭，田间小气候湿度高，病害重。地势低洼、积水，可以加重发病。早播者较晚播者发病重。早播者病毒病发病重，更易感染霜霉病，加重发病程度。

3.防治方法

选用适合当地种植的抗病优质高产品种。与禾本科作物轮作 1~2 年或水旱轮作，减少本田卵孢子数量，降低发病。收获前田间无病株留种或播前用 1%盐水选种，取下沉饱满的种子，用清水清洗阴干后播种。改进栽培技术，施足基肥，促进壮苗，增施磷钾肥，增强植株抗病力。窄畦深沟、清沟防渍。花期摘除中下部黄病叶 1~3 次，以减少菌源，有利于田间通风透光、降低小气候温度。适当迟播。药剂防治于初花期叶病株率在10%以上时，开始喷第 1 次药，隔 7~10 天再喷 1 次，每次每亩喷药液100~

125升，均匀喷洒于全株。选用药剂同白锈病。

四 油菜根肿病

根肿病是油菜产区的一种重要土传病害，在安徽省皖南山区及沿江油菜主产区当涂、肥东、巢湖等地均有发生，其危害程度逐年加重。病害侵染时感病油菜植株根部肿大，发病严重的根部腐烂、植株死亡，产量损失可达30%~50%，严重的地块甚至绝收。该病害可通过植株病残体、机械操作、人畜活动、运输、流水和风等多种传播途径侵染。病原休眠孢子可在土壤中长期存活达20年。

1.发病症状

油菜根肿病自苗期开始发生，主要侵染根部。发病初期地上部分的症状不明显，以后生长逐渐迟缓，且叶色逐渐淡绿，叶边变黄，植株矮化，发病严重者表现为缺水，基部叶片在中午时萎蔫，早晚可恢复；到了后期则叶片发黄、枯萎，直至全株死亡。在苗期感病，肿瘤主要发生在主根。在成株期感病，肿瘤多发生在侧根和主根的下部。主根的肿瘤体积大而数量少，侧根的肿瘤体积小而数量多，肿瘤发生初期表面光滑，呈乳白色胶体状，后期龟裂而且粗糙，最后腐烂。由于根部发生肿瘤，严重影响了水

图3–4 油菜根肿病苗期发病症状（根瘤和叶片萎蔫）

图3–5 油菜根肿病严重为害田块

分和养分的正常吸收，从而造成油菜严重减产。

2.发病条件

诱发油菜根肿病的重要因素为土壤酸碱度和温湿度。当土壤pH为5.4~6.5，土壤温度为18~25℃，土壤湿度为60%左右时，寄主发病和受害最严重。

图3-6　油菜根肿病严重为害田块病株

3.防治技术要点

(1)控制病菌传播。控制病菌传播可有效降低菌源。油菜播种前要先清园，把遗留在田间的病株、杂草等清理带出田间。同时要对农机具进行消毒处理，防止将附着在农机具上的病原菌带入种植区。根肿病的病原菌寄主为十字花科作物，在病区通过与非十字花科作物轮作倒茬，能降低土壤中休眠孢子的含量，因此可以施行油菜与水稻轮作或与大麦、小麦轮作，可显著减轻病害的危险程度。

(2)降低土壤酸性。降低土壤酸性可抑制根肿病病菌侵染。在易发病的酸性土壤中通过施用消石灰或者草木灰降低土壤酸性，提高土壤pH，创造不利于根肿病病原菌侵染的条件，每亩施用消石灰50~75千克可以显著抑制根肿病的发生，同时增加农家肥的用量，以防止土壤板结。

(3)调节播种时期。适当推迟播种期可以降低发病率。掌握好油菜的适宜播期，对根肿病的防治十分重要。冬油菜冬前需要经历一段温暖时期以培育壮苗，可在不显著影响油菜产量的条件下，适当推迟播种期到10月中下旬，以避开发病高峰期。

(4)优选抗病品种。优选抗病油菜品种可以控制油菜根肿病。种植油菜抗根肿病品种是防治油菜根肿病的最经济、有效的途径。在安徽省优选适宜此地种植的油菜抗根肿病新品种可以大大降低根肿病田间发病率，实现节本增效，提高油菜生产经济效益。适宜的抗病品种有皖油106R、皖油206R等。

左:感病对照　　　　右:抗病品种

图 3-7　油菜抗根肿病新品种与感病品种田间长势对比

(5)推广种子包衣技术。推广油菜种子包衣技术可有效控制苗期根肿病的发病率。在生产上选用含有广谱杀菌剂氟啶胺等成分的种衣剂作为种子包衣剂进行包衣处理。未包衣的种子在播种前，可用10%氰霜唑悬浮剂10~20倍药液拌种,晾干后播种。

(6)加强栽培管理。加强油菜栽培管理,增强植株抗病力。施足底肥,增施磷钾肥,底施硼肥。采用深沟高垄栽培,防止渍害。培育壮苗,增强油菜植株抗病力,及时拔除病苗。

4.注意事项

对于根肿病病区的农机跨区作业要严格进行消毒防疫,对于根肿病病区来源的油菜种子要进行严格的防疫检测,确认没有带菌的种子才能大田种植。

五 白锈病

白锈病,又名龙头病、龙头拐。在全国各油菜产区均有分布,以云南、贵州等高原地区和位于长江下游的上海、江苏、浙江等地发病严重。常年流行区油菜种植面积约80万公顷。流行年份发病率为10%~50%,产量损失5%~20%,大流行年损失更重,严重影响油菜的稳产和高产。

1.发病症状

整个生育期均可感病,危害叶、茎枝、花和角果等地上各部。苗期在叶片正面出现淡绿色小斑点,后变黄,并在病斑背面长出隆起的白色疱斑,有时叶面也可长出白色疱斑,严重时疱斑连片布满全叶,疱斑破裂后散出白色粉末即病原菌的孢子囊,常常引起叶片枯黄脱落。茎和花轴上的白色疱斑多呈长圆形或短条状。病原菌的入侵引起寄生代谢作用发生病理变化,使蛋白质分解产生少量的色氨酸,其与内源酚类物质起反应或产生吲哚乙酸后,刺激幼茎和花轴发生肿大弯曲,呈龙头状。花器受害后,花瓣畸形、膨大、变绿,呈叶状,久不凋落也不结实,表面长出白色疱斑。角果受害后亦同样长出白色疱斑。

2.发病条件

病菌以卵孢子在龙头和病株残体内或随残株留在土壤中越冬或越夏，带菌的病残体和种子是病害的初次侵染来源。油菜最易感病的生育阶段是开花期。从抽薹至开花期，进入营养生长和生殖生长两个阶段，生长速度快，组织柔嫩，特别是花梗最易被白锈病病菌侵染而形成龙头，因而对油菜产量影响最大。在苗期5~6叶期发病也很普遍，但不及后期严重。油菜盛花期和苗期5叶期是油菜生育中2个发病高峰期。

（1）温度和湿度。温度决定病害发生的迟早和发展速度，湿度决定病害发展的严重程度。气温在7~13℃有利于孢子囊的产生和萌发，气温在18℃以上有利于病菌侵入和形成龙头。相对湿度、降水量和降水天数与病害的流行关系甚为密切。南方冬油菜区2—4月份的降水量大、降雨天数多，相对湿度高，则该病发生严重。云贵高原冬季温度偏暖，有利于病菌越冬；春季平均气温较低，昼夜温差大、湿度高、雾露重，适宜病菌侵染和蔓延。

（2）品种。一般白菜型油菜感病严重，甘蓝型油菜则感病较轻。而甘蓝型油菜品种间抗性差异也很显著。油菜品种花期长短与抗病性的关系十分密切，随着花期的延长，抗性明显下降。此外，早熟品种较晚熟品种感病严重。

（3）栽培条件。连作田和前茬作物为十字花科作物的田间，白锈病病菌基数高，发病重，前茬作物为水稻的发病轻。早播油菜发病重，适期晚播油菜发病轻。

3.防治方法

（1）农业防治。与水稻或非十字花科作物轮作，减少田间初侵染源。无病株留种或播种前后用10%盐水选种，淘汰病瘪粒和混杂在种子内的卵孢子，将用盐水选种后的种子用清水洗净、阴干后播种。施足基肥，重施腊肥，早施薹肥，巧施花肥，增施磷钾肥，使植株生长健壮，防止贪青倒伏。深沟窄厢，及时排除渍水，以降低田间株间湿度，减少病害的蔓延。抽薹后多次摘除病叶并将其带出田外沤肥或烧毁，可减少田间垄头的发生。

(2)药剂防治。在油菜抽薹初期或开花始期选择适宜农药施用1次，间隔5~7天再施1次，即可较好地控制病害发生、发展。可供使用的药剂：40%多菌灵胶悬剂、75%百菌清可湿粉、25%甲霜灵可湿粉、70%代森锰锌可湿粉500~600倍液，70%甲基托布津可湿粉1000~1500倍液，25%瑞毒霉可湿粉2000倍液，每次每亩喷药液75千克。

六 黑胫病

黑胫病在欧洲、澳大利亚、加拿大等地均有发生，分布很广，危害大，近年来，在我国也有发生。因此，应对此病加以重视，否则将对油菜生产造成极大危害。

1.发病症状

油菜黑胫病属于真菌性病害，多在成株期发生。初期症状是在茎秆或分枝的中下部或者叶片上产生灰白色大病斑，斑内着生许多小黑粒，后期茎秆或者分枝变黑腐烂而死。

2.发病条件

黑胫病的病原菌在发病的种子和发病植株体内越冬，次年萌发繁殖，一般从油菜叶片的气孔和根、茎的伤口侵入，并靠风雨和昆虫传播。多雨潮湿，则病害严重。

3.防治方法

选用耐病品种和无病品种播种，进行轮作换茬，深沟窄厢，排水清渍，减轻田间湿度，在油菜收获时毁掉病残株，用65%代森锌500~600倍稀释液(1千克药液兑500~600千克水)喷杀。

七 花而不实病

花而不实病系由土壤缺乏有效态硼引起的生理病害,多发生在甘蓝型油菜上。该病主要分布在上海、江苏、浙江、安徽、江西、湖北、湖南、福建、广东、广西、云南、贵州、四川和陕西等地,山区、半山区和丘陵区发生较多。该病发生后,至少减产二成,严重者几乎绝收,收获菜籽含油量也显著下降。

1.发病症状

病株根系发育不良,须根不长,表皮变褐色,有的根茎部膨大、皮层龟裂。叶片初变为暗绿色。叶形变小,叶质增厚、变脆,叶端向下方倒卷,有的表现凸凹不平呈皱缩状。一般靠下方的中部茎、叶最先变色,并向上、下两方发展,先由叶缘开始变成紫红色,逐渐向内部发展,后变成蓝紫色;叶脉及附近组织变黄,叶面形成一块块蓝紫斑;最后叶基枯焦,叶片变黄,提早脱落。花序顶端花蕾褪绿变黄,萎缩枯干或脱落。开花进程速度变慢或不能正常开放,随即枯萎;有的花瓣皱缩、色深,角果发育受阻;有的整个角果胚珠萎缩,不能发育成种子,角果长度不能延伸;有的角果中能形成正常种子,但间隔结实,角果较短,外形弯曲如萝卜角果。茎秆中、下部皮层出现纵向裂口,上部出现裂斑。角果皮和茎秆表皮变为紫红色和蓝紫色。

病株后期的株型可分为矮化型、徒长型和中间型。矮化型病株的主花序和分枝花序显著缩短,植株明显矮化。角果间距缩短,外观如试管刷。中上部分枝的2、3、4等分枝丛生,茎基部叶腋处也长出许多小分枝。成熟期病株上的全部或大部分角果不能结实,晚期出生的分枝仍在陆续开花。徒长型病株的株高特别是主花序显著增长,株型松散。病株的少数或较多的角果不能结实,主花序顶部或晚期出生的次生分枝尚在陆续开花。中间型病株的株高、株型与正常植株间无明显差异。成熟期病株有少

图 3-8 油菜缺硼引起花而不实

数或较多角果不能结实，晚期出生的分枝尚在陆续开花。

2.发病条件

该病的发生受土壤类型以及农业技术措施的影响甚大，致使病害的发生情况在地区间和年份间有很大的差异。

（1）土壤质地与土壤中有效性硼的关系。我国低硼土壤分布十分广泛，北方的低硼土壤主要为黄土和黄河冲积物发育的土壤，包括黄绵土和黄潮土等，东北地区的低硼土壤为草甸土和白浆土。南方的低硼土壤主要为花岗岩和其他酸性火成岩发育的红壤，在江西南部、浙江、福建和广东分布十分广泛。此外，湖北东北部片麻岩和花岗岩发育形成的黄棕壤也是低硼土壤，其水溶态硼含量在 0.08~0.25 毫克/千克，而油菜缺硼土壤水溶态硼含量临界值在 0.4 毫克/千克左右，因而在这些低硼土壤上油菜发病普遍。

（2）土壤中硼的有效性与土壤 pH 的关系。在 pH4.7~6.7 时硼的有效性最高，在 pH7.8~8.1 时硼的有效性降低，在 pH 大于 7 的土壤上植株易出现缺硼症状。但如果在酸性土壤上过多施用石灰，一方面石灰可与土壤中有机硼化合物结合变成很稳定而难于分解的有机化合物，致使有机硼不能转化分解成有效态硼；另一方面还会使土壤的 pH 升高，并形成氢氧化铝沉淀物，吸附大量有效态硼。这些土壤反应都会造成有效态硼含量降低，导致甚至加重油菜出现缺硼症状。

(3)缺硼与长期土壤干旱的关系。长期持续干旱不仅使土壤对硼的固定作用加强，还会降低土壤有机硼化合物分解的生物活性，从而使土壤中有效态硼的含量降低，加重油菜缺硼症状的发生和发展。

(4)植物体内硼与其他营养元素间的关系。植物体内营养元素有一定的平衡关系，平衡失调会导致或加重缺硼症状的发生。在缺硼土壤上较多地偏施化学氮肥，油菜的氮素营养供应增加后，相应对硼素的需求量也增大，如不能及时供硼，常会导致或加重症状的发生。此外，正常植物体内，钙、硼元素含量应有一定比例，比例过高也会造成缺硼症状发生。若在酸性土壤上过多施用石灰，除造成土壤中有效态硼的供应水平降低外，还会影响油菜体内钙、硼 2 种元素的比例，导致缺硼症状的发生。

(5)品种和栽培条件与缺硼的关系。不同成熟期的甘蓝型油菜品种，发病程度也有所不同，早熟品种较轻，中熟品种次之，晚熟品种最重。品种间随着成熟期的延迟，对硼的需求量也增大。故在同一土壤供硼水平条件下，品种成熟期越迟，缺硼程度越甚，发病也越重。播期、栽期较晚的油菜，个体和根系发育差，根系营养吸收面积减少，对硼的吸收能力降低，发病相对严重。

3.防治方法

在缺硼土壤上，进行根外喷硼砂液效果较好。将硼砂先溶于少量热水中，再按规定量兑水稀释。移植前 1~2 天，每亩苗床用 0.4%硼砂溶液 50 升对叶面喷雾，可较大幅度增加油菜体内的含硼量。在缺硼土壤上喷硼对油菜移植后的返青速度和苗期生长均有显著促进作用，还具有防病增产作用，如不能完全防治，尚须在本田喷硼。本田喷硼应根据土壤缺硼程度，在苗期防治1次或在苗、薹期各防治1次，每次每亩用硼砂50克兑水40~50升，进行叶面喷雾。最好在移植后次日开始喷施。开花后，如有花而不实现象，每亩用硼砂50克，加水50升，进行根外喷雾防治，可使正开的和将开的花正常结实。油菜移植前，平均每亩施硼镁肥或硼镁磷肥7.5~12.5千克，也有良好效果。

农业防治措施包括深耕改土，增施有机肥，合理施用化学氮肥，从根本上改善土壤理化性状，增加土壤有机质，从根本上提高有效态硼含量，以防止硼、氮元素间比例失调；培育壮苗，适时移植，以促进根系发育，扩大营养吸收面积；适时做好抗旱排渍工作，防止土壤中有效态硼的固定，促进土壤有机硼化合物分解转化为有效态硼和增进根系的吸收机能；在酸性土壤上适量施用石灰，防止土壤有效态硼的固定和土壤有机硼化合物难于分解转化，以及硼、钙元素的比例失调；选择成熟早的甘蓝型油菜品种，推广种植。

第二节　油菜虫害及其防治

一　蚜虫

油菜上的蚜虫主要有3种，分别为萝卜蚜、桃蚜和甘蓝蚜。萝卜蚜又名菜缢管蚜，桃蚜又名烟蚜、桃赤蚜，甘蓝蚜又名菜蚜。

1.分布与危害

萝卜蚜和桃蚜在全国各油菜产区均有危害。甘蓝蚜在北纬40°以北或海拔1000米以上高原地区发生较多。桃蚜的寄主范围较广，据记载有352种，国内发现170种，油菜全生育期均可被害；萝卜蚜的寄主有30种，主要在油菜苗期危害；甘蓝蚜的寄主有51种，主要在开花结角期危害。

蚜虫对油菜的危害除了直接取食，还有传播病毒病。3种蚜虫的危害情况相同，成蚜和若蚜密集在叶背面、菜心、茎枝和花轴上，刺吸组织内汁液。叶片被害后，初始形成褐色斑点，继而卷缩变形、生长迟缓以致枯死。嫩茎、花轴受害后，生长停滞、畸形，角果发育不正常，开花结角果数减少，严重时可致枯死。

2.发生规律

危害油菜的3种蚜虫在不同年份因气候条件的差异，发生数量各有不同，在1年中种群密度随季节而有变化。油菜整个生育期间均有蚜虫寄生，但危害盛期则因地区而异。北方春油菜和春夏兼种油菜区在6—7月份开花结角期危害最严重，秦岭淮河以北冬油菜区在8—10月份和翌年3—5月份危害较严重，长江流域大部分油菜区以9—11月份秋季苗期为主要危害期，云贵高原区在3—5月份花期危害严重，华南冬油菜区则以11月至翌年2月份为主要危害期。

危害油菜的虫态主要是无翅胎生雌蚜，其次是有翅胎生雌蚜。无翅蚜的发生量主要受气温、降水、养分和有翅蚜迁飞量等因素影响。萝卜蚜繁殖的适宜温度为15~26℃，桃蚜繁殖的适宜温度为24℃左右，甘蓝蚜繁殖的适宜温度为20~25℃。气温低于5℃或高于30℃对蚜虫均属不利。气温在30℃以上蚜虫死亡率随温度和高温持续时间增高而增高，气温在35℃时经4小时死亡率可达到90%。因而夏季最高气温将影响到秋季蚜虫基数。适于蚜虫生育的相对湿度在50%~78%。降水将影响蚜虫的迁飞并致蚜虫大量死亡，气温条件是影响发生量的关键因素。天敌对蚜虫有很大的抑制作用，常见的有蚜茧蜂、异色瓢虫、七星瓢虫、龟纹瓢虫、食蚜蝇、草青蛉等。油菜田的蚜群在初始时是由有翅胎生雌蚜产生无翅胎生蚜而建立起来的。有翅蚜迁飞一般发生在油菜苗期和开花结荚期。在苗期蚜虫从其他寄主迁入油菜田，苗后期还有一部分蚜虫在本田内扩散迁飞。影响有翅蚜迁飞的因素除了蚜源植物上有翅蚜发生量，还有气象因素。

3.防治方法

为了有效地消灭蚜害,必须采用综合防治措施。

(1)选择抗虫品种。选用抗蚜虫及病毒病发生较轻的品种。国外研究表明,芸薹属植物组织中维生素 C 和硫代葡萄糖苷含量高,抗蚜性也较强。

(2)黄板诱杀蚜虫。秋季油菜播种后,在油菜地边设置黄板,方法是将 0.33 平方米大小的塑料薄膜,涂成金黄色,再涂 1 层凡士林或机油,然后架在田间,色板距地面 0.5 米,可以大量诱杀有翅蚜。

(3)生物防治。蚜茧蜂、草青蛉、食蚜蝇及多种瓢虫等是田间蚜虫的重要天敌。要注意保护,使之在田间的数量保持在总蚜量的 1%以上。

(4)药剂防治。在苗期有蚜株率达 10%,虫口密度为 1~2 头/株,抽薹开花期有 10%的茎枝或花序有蚜虫,每枝有蚜 3~5 头时开始喷药。防治次数和间隔时间视农药种类和蚜害程度而定,一般为 2~4 次。在蚜虫传播病毒病严重的地区,必须在有翅蚜迁飞前,着重对油菜苗期毒源植物(主要是十字花科作物)上的蚜虫普遍防治。

二 油菜潜叶蝇

油菜潜叶蝇,又名豌豆潜叶蝇。

1.发生与环境

潜叶蝇较耐寒而不耐高温,春季发生早,因而常在春、秋两季危害。成虫发生的适宜温度为 16~18℃,幼虫则为 20℃左右。天敌对种群数量有一定控制作用。

2.防治方法

在成虫发生期点喷诱杀成虫,用甘薯、胡萝卜煮汁(或 30%糖液),加入 0.05%敌百虫,在油菜地一定面积(3 平方米)内点喷 10~20 株,3~5 天喷1次,共4~5次。在成虫盛发期或幼虫刚出现危害时喷药,可选用的药剂有40%乐果乳油1000倍液、90%敌百虫晶体1000倍液、40%氧化乐果乳油1500~2000倍液、50%敌敌畏乳油800倍液、50%二溴磷乳油1500倍液、40%二嗪农乳油1000~1500倍液、2.5%乐果粉剂。

三 黄曲条跳甲

油菜上黄条跳甲种类很多,有黄曲条跳甲、黄窄条跳甲、土库曼跳甲、芜菁淡足跳甲和十字花科蓝跳甲等。

1.分布与危害

油菜上以黄曲条跳甲危害较重,除个别省外,各地均有发生,以秦岭、淮河以北冬油菜区受害最重。成虫群集啃食叶片,给叶片留下若干孔洞甚至全叶被食光,可致油菜枯死。幼虫在土内啃食根部皮层,也可咬断须根,使地上部发黄、萎蔫死亡。还可传播软腐病。该虫寄生植物有8科19种,主要危害十字花科作物。

2.发生规律

冬油菜区秋季油菜受害较重,春油菜区春、夏季油菜受害较重。气温在10℃以上时,温度越高,发生越严重。但气温超过34℃时,黄曲条跳甲食量剧减,入土蛰伏。成虫、幼虫危害以少雨、干燥的环境条件为宜,但卵的孵化必须有很高的湿度。广种十字花科作物的地区或油菜、十字花科蔬菜连作地,由于虫源多,危害较重。

3.防治方法

(1)农业防治。在播种和越冬期清除田内、田边残株、枯叶、杂草。避免与白菜类蔬菜、油菜连作。播种前深耕晒垡或灌水。幼虫为害严重时灌水或多次浇水。加强苗期管理,增施肥料,促进幼苗生长健壮等有减轻危害作用。

(2)化学防治。要防治成虫可在油菜出苗之后、产卵之前用药,效果最好。可选用的药剂有80%晶体敌百虫1000~2000倍液、50%马拉硫磷乳油800倍液、50%杀螟腈乳油800~1200倍液、25%亚胺硫磷乳油300~400倍液、鱼藤精800~1200倍液、2.5%敌百虫粉、0.5%~1%鱼藤粉、1:3的烟草和草木灰粉(或消石灰)等。注意从田块四周向田内喷药,以免成虫逃跑。粉剂应在清晨露水未干时使用。幼虫发生期可用80%晶体敌百虫1000~1500倍液灌溉。移栽时可用上述浓度敌百虫液浸根。

四 菜粉蝶

菜粉蝶,又名菜青虫、菜白蝶、白粉蝶,属鳞翅目粉蝶科。

1.分布与危害

菜粉蝶在全国各油菜产区均有分布,除广东、台湾等省危害较轻外,其他各地均较严重。该虫主要在油菜苗期危害,以幼虫取食叶片,咬出孔洞和缺刻,危害严重时将叶肉全吃光,仅余主脉和叶柄,致使油菜苗死亡,在危害的同时还可传播软腐病,加重对油菜的危害。该虫主要取食十字花科植物,偏嗜甘蓝类蔬菜和甘蓝型油菜,其次为白菜、萝卜等,已知寄生植物有9科35种。

2.发生规律

1年发生3~9代,自北向南世代数逐渐增多,有世代重叠现象。秋季以蛹在菜园地附近干燥向阳的屋墙、篱笆、树枝、落叶及土缝等处越冬。越冬期蛹裸露,可耐受-50~-32℃的低温。翌年3月前羽化为成虫,南北各地羽化时间可相差2个月左右,同一地区成虫出现期也可相差1月有余。成虫于晴天白昼活动,常飞翔于蜜源和产卵寄主之间。其寿命为2~5周,产卵期为2~6天,每只雌虫可产卵10~100粒,散产于新叶片正、反两面,含芥酸和硫苷的植物如甘蓝等最易吸引成虫产卵和幼虫觅食。

3.防治方法

(1)清洁田园。清除油菜田及附近蔬菜地的残株落叶及杂草,集中沤肥或烧毁，以杀死虫和虫蛹。冬季清扫菜园附近屋墙、篱笆等处的残渣以减少越冬蛹。

（2）生物防治。将杀螟杆菌或青虫菌粉（每克活孢子数在100亿以上）稀释2000~3000倍，并按药量0.1%加肥皂粉或茶枯粉等黏着剂，因药效发挥较慢，使用期宜较化学农药提前数天。

（3）保护天敌。在天敌发生期少用广谱性、残效期长的化学农药。人工释放粉蝶金小蜂、绒茧蜂等寄生蜂。

（4）化学防治。油菜出苗后应注意检查虫情，在产卵高峰后1周左右、幼虫3龄以前施药。

第三节　油菜田化学除草

一　油菜田除草剂的选择

除草剂大体分为3种类型，分别为选择性除草剂、灭生性除草剂和触杀性除草剂。选择性除草剂能在一定剂量范围内，有选择性地杀死某些植物，而对另一些植物无毒或低毒。因此，在油菜与杂草同时存在时，正确选择和使用除草剂，可以杀死杂草而不损伤油菜。灭生性除草剂不分植物种类，将植物统统杀死。而触杀性除草剂在植物体内不移动或很少移动，只伤害植物接触到药剂的部位或器官，对未接触药剂的部位或器官没有影响。

油菜田杂草与油菜共生，因此油菜田化学除草适用选择性除草剂。要根据当地的栽培制度和茬口安排，选择适宜的除草剂品种。一年一熟制油菜区没有明显的季节性限制，可考虑选用残效期长的除草剂进行播种前除草。南方油、稻连作区宜选择幼苗期、苗期、成株期的除草剂。

二 稻茬油菜田杂草化除

稻茬油菜田杂草以看麦娘、日本看麦娘为主，其他杂草有猪殃殃、繁缕、雀舌草、大巢菜、卷耳、碎米荠、婆婆纳、网草、棒头划、稻槎菜等。

防除稻茬移栽油菜田看麦娘、日本看麦娘等禾本科杂草，每亩用5%精克草能乳油23.3~35毫升，或10.5%高效盖草能乳油20~25毫升，或15%精稳杀得乳油60~70毫升，或20%拿捕净乳油100毫升，于杂草3~5叶期，加水40千克，进行茎叶喷雾。每亩用6.9%威霸水乳油40~60毫升，于杂草2叶期至分蘖期，或4%喷特乳油40~50毫升，于杂草2~5叶期，加水40千克，进行茎叶喷雾。

防除稻茬移栽油菜田早熟禾、网草、繁缕、禾草等，每亩用36%广灭灵乳油26~30毫升，于油菜移栽前2~3天，或90%禾耐斯乳油43.8毫升，于油菜移栽前或移栽后5天内，或72%都尔乳油100~130毫升，于油菜移栽前或移栽后5天内，加水50千克，进行茎叶喷雾。

防除稻茬移栽油菜田猪殃殃、牛繁缕、雀舌草等阔叶草，每亩用50%高特克悬浮剂30~35毫升，或70%雷克拉可湿性粉剂150~200克，于油菜移栽活棵后，杂草2~3叶期，加水50千克，进行茎叶喷雾。

防除稻茬移栽油菜田繁缕、碎米荠、稻槎菜等阔叶杂草，每亩用36%广灭灵微囊悬浮剂26~30毫升，于油菜移栽后，或50%敌草胺可湿性粉剂100克，于油菜移栽活棵缓苗后，杂草2~3叶期，加水50千克，进行喷雾。

防除稻茬直播油菜田看麦娘、棒头草等禾本科杂草，每亩用5%精克草能乳油30~35毫升，或10.5%高效盖草能乳油20~25毫升，或10%盖草灵乳油50毫升，或5%精禾草克乳油45~50毫升，或4%喷特乳油40~50毫升，或15%精稳杀得乳油60~75毫升，或20%拿捕净乳油100毫升，于油菜4~5叶期，加水40千克，进行茎叶喷雾。

防除稻茬直播油菜田猪殃殃、繁缕、雀舌草等阔叶杂草，每亩用50%

高特克悬浮剂 30~35 毫升，或 30%好实多悬浮剂 50 毫升于油菜 6~8 叶期，加水 50 千克，进行茎叶喷雾。或每亩用 50%敌草胺可湿性粉剂 80~100 克，于油菜播后苗前，进行土壤喷雾。

三 免耕油菜田杂草化除

免耕油菜田的主要杂草有稻槎菜、碎米荠、婆婆纳、繁缕、卷耳、荠菜、猪殃殃、网草、看麦娘等，每亩可选用 41%农达可溶性液剂 150~200 毫升，或 13.5%草铵膦可溶性液剂 350~600 毫升，于油菜播种或移栽前 1 天，加水 50 千克，进行茎叶喷雾。或每亩用 10%草甘膦可溶性液剂 100 毫升加72%都尔乳油 50 毫升，于油菜播种或移栽前 2~4 天，加水 50 千克，进行茎叶喷雾。

四 旱作油菜田杂草化除

旱作油菜田的主要杂草为猪殃殃、荠菜、播娘蒿、遏蓝菜、宝盖草、早熟禾等。旱作油菜田杂草以阔叶杂草为主，对除草剂的选择性要求高，既要保证油菜的安全，又要有效地控制杂草的危害。旱作移栽油菜田防除早熟禾本科杂草，茎叶处理剂可选用精克草能、高效盖草能、精禾草克、威霸、拿捕净、精稳杀得，使用技术同稻茬移栽油菜田除草剂使用技术。芽期处理剂可选用广灭灵、禾耐斯、抑草灵，使用技术同稻茬移栽油菜田除草剂使用技术。旱作直播油菜田防除猪殃殃、婆婆纳等阔叶杂草，茎叶处理剂可选用高特克、好实多，使用技术同稻茬直播油菜田除草剂使用技术。苗期除草剂可选用敌草胺，使用技术同稻茬直播油菜田除草剂使用技术。

五 油菜田常用除草剂及使用技术要点

1.杀草丹

在播后苗前或苗后看麦娘3叶期以前施杀草丹。墒情好时用撒施法施药,不好时用喷雾法施药。墒情好有利于保证药效。杀草丹对看麦娘有效,对部分阔叶杂草也有效,适用于以看麦娘为主的油菜田。杀草丹对油菜安全。

2.绿麦隆

对直播油菜田,播前以喷雾法使用绿麦隆进行土壤处理,大多用于稻茬板田直播油菜田,以防除看麦娘为主。要注意喷雾均匀,避免重复喷药或用量过大,以防对下茬水稻产生药害。土壤湿度是提高药效的关键。对移栽油菜田,于移栽后用撒施法施药(气温较高情况下,撒施法比喷雾法安全)。为了提高对阔叶杂草的效果,可与杀草丹等混用(25%绿麦隆150克/亩,加50%杀草丹150毫升/亩),可在干旱情况下获得较好效果,对后茬水稻安全。

3.氟乐灵

油菜播前或移栽前2天,整平畦面,以喷雾法使用氟乐灵进行土壤处理,施药后混土3~5厘米,或喷药后灌水,使氟乐灵分布并吸附于土层中(对土壤湿度过大的田使用氟乐灵常因光解挥发严重而效果不佳)。氟乐灵不宜在播后苗前施用,更不可于苗后施用,否则易发生药害。施药量每亩不宜超过150毫升,超量施药可使油菜根茎肿大或开裂。

4.拉索、都尔、乙草胺、丁草胺、敌草胺、大惠利

拉索、都尔、乙草胺、丁草胺、敌草胺、大惠利均属酰胺类除草剂,用于直播油菜田和移栽油菜田,防除多年生禾本科杂草效果好,对少数阔叶杂草也有较好效果。于播后苗前或移栽前或移栽后1~7天,每亩加水40~50升均匀喷雾。为提高药效必须注意:干旱情况下,施药后宜浅混土

或灌水；要注意在杂草出苗前施药，出苗后施药效果差；在施药前，要提高整地质量；敌草胺有较强的挥发性，日平均气温高于 20℃时效果比在10℃时低20%~30%，因此要注意温度对敌草胺药效的影响。

5.果尔

移栽前使用果尔进行土壤处理，对看麦娘、日本看麦娘、牛繁缕等杂草效果均好。对移栽油菜安全，直播油菜田禁用。

6.磺草灵

于杂草 5~8 叶期对茎以喷雾法施用磺草灵。磺草灵对多种单子叶和阔叶杂草效果好，对多年生杂草也有效。气温高、日照强有利于药效发挥。磺草灵对油菜安全。

7.草长灭

在直播油菜 4 叶期以后，移栽油菜于移栽活棵后（冬前或春季），禾本科杂草 4~5 叶期，使用草长灭进行茎叶处理，也可于油菜移栽前使用草长灭进行土壤处理。土壤处理时可剪除部分阔叶杂草。草长灭属酰胺类除草剂，对一年生禾本科杂草和部分阔叶杂草防除效果好（防除看麦娘效果在 90%以上），对油菜安全。但茎叶处理时，不可与液态氮肥混用，以免产生药害。

8.盖草能、禾草克、稳杀得、拿捕净、枯草多、骠马

盖草能、禾草克、稳杀得、拿捕净、枯草多、骠马对油菜均很安全，可在禾本科杂草 3~5 叶期进行茎叶喷雾。持续干旱会影响药效。在施药后 2 小时以内若有降雨，会使药液流失从而降低药效。在气温高时除草效果好。在日平均气温低于 10℃时，使用拿捕净、枯草多有可能形成药害，瘦弱苗药害显著。

9.高特克

高特克系苗后选择性油菜田除草剂，可用于茎叶处理防除油菜田阔叶杂草，是油菜田难得的理想药剂之一。高特克防除雀舌草、牛繁缕、猪

殃殃、婆婆纳等油菜田阔叶杂草效果良好，对大巢菜、稻槎菜、荠菜效果差。施用高特克，可根据油菜品种和当地出草规律而定。种植白菜型油菜的田块，从对油菜安全出发，在冬前杂草基本出齐的地区，可于 12 月下旬油菜进入越冬前施药；冬前、冬后有 2 个出草高峰的田块，以 2 月下旬施药为宜。对种植甘蓝型油菜的田块，根据杂草发生情况，可于 12 月上旬或 12 月中、下旬施药。高特克对甘蓝型油菜比较安全，即使有轻度药害，一般在 7~10 天后可恢复；对白菜型油菜安全性略差，所产生的药害对产量有影响，症状表现为叶片向下皱卷，严重的植株出现暂时性萎蔫。若 50%高特克胶悬剂亩用量加大到 80 毫升，对油菜可产生一定药害。此外，在油菜冬前生长期（11 月下旬）施药易发生药害，且不同用量间无差异。在越冬期（12 月下旬）及返青期（2 月中、下旬）施药，不同用量（适量范围内）对各种油菜均安全。

第四章 油菜防灾减灾技术

随着全球气候变化，极端天气加剧，油菜灾害发生频繁。气候成为影响我国油菜单产和稳产的重要因素之一。由于我国油菜主要分布于南方冬闲田和北方春季干旱、瘠薄等不适于高产粮食的地区，生产周期较长，大部分生产区域的自然条件、土壤肥力和农业设施条件普遍较差，抗灾减灾能力十分薄弱，严重影响了油菜产量、品质和市场竞争力。油菜防灾减灾技术措施的推广有着十分重要的意义。

第一节 油菜旱灾及其预防抗灾技术

我国油菜主产区主要分布于长江流域冬油菜区和北方春油菜区，长江中游油菜主产区常常受到秋冬旱危害，而长江上游油菜主产区和北方春油菜主产区则常常受到春旱的危害。干旱是限制油菜生产和发展的重要因素之一。近年来随着全球气候变暖，我国长江流域秋旱发生更为频繁，对湖北、湖南、安徽等主产大省造成严重影响。油菜旱灾的预防和抗灾技术措施的研究与推广有着十分重要的意义。

一 油菜旱灾危害症状

秋旱易造成直播油菜播种期偏晚，出苗不齐，油菜移栽后出叶缓慢，绿叶面积小，油菜冬前达不到壮苗，抗灾能力差，易发生冬春冻害，返青生长缓慢,植株矮小,叶片发红、脱肥,严重影响产量。据湖南省洞庭湖区域的汉寿县22年的气候统计,该县秋冬干旱共发生10次,造成该县油菜播种面积显著减少,播种后油菜出苗慢、返青慢、生长慢和基本苗少,总产减产达25%~32%。在春旱发生时(3—4月份),大部分油菜处于盛花期。盛花期是油菜生长发育的关键时期。水分缺乏导致部分油菜分枝减少,下脚叶逐渐枯萎。油菜营养生长受阻,花期缩短,授粉受精不良,严重影响结角结籽。旱情严重时大量油菜花干枯死亡,产量受到极大影响。在干旱条件下,植物营养元素的吸收会受到影响,造成油菜缺素性叶片发红,生长缓慢;严重的可造成油菜植株的硼元素含量下降,加重油菜缺硼的发生程度和范围,导致油菜花而不实。干旱气候容易造成蚜虫和菜青虫等暴发,会加重虫害和并发性的病毒病。

图 4-1 旱灾

二 油菜旱灾预防及其抗灾技术

1.选用耐旱品种

耐旱品种具有更强的干旱耐受能力,在干旱情况下,能显著降低水分蒸腾,提高渗透调节物质代谢水平。采用耐旱性强的品种是生产上既

经济又有效的途径。

2.节水灌溉抗旱

在干旱情况下,水源往往很紧张。利用局部灌溉或喷灌等节水措施可以改善油菜土壤墒情,且花费劳力较少。灌溉后浅锄松土,可以保蓄水分和防止板结。在有条件的地区,用稀薄粪水进行局部定位浇淋,可显著提高抗旱效果。

3.抗旱栽培措施

适当增加油菜留苗密度,采用少免耕技术,通过前作的残茬覆盖障滞和涵养保水,采取盖土保苗的措施可以保蓄土壤水分,减少油菜苗期蒸腾作用,增强油菜苗期抗旱能力。在有条件的地区,可用稻草、麦秸秆等进行覆盖,不仅可以抗旱保墒,还能明显减轻冻害的影响。在中度干旱时,还可用黄腐酸1000~1200倍液(又名抗旱剂1号、FA绿野)喷施叶面,以增加绿叶面积、茎秆强度,提高叶绿素含量,达到保产、增产的效果。

4.灾后追肥促苗

在旱情解除后,及时追肥促苗,每亩追施尿素7.5~10.0千克(或碳铵15~20千克)、钾肥5.0~7.5千克,以增强旱情下植株的养分吸收能力,促进油菜恢复生长。

5.追施硼肥

干旱易导致油菜硼素营养不足,造成叶片变红变紫、矮化、变形,花期花而不实。应每亩以0.5~0.75千克硼肥作为底肥,或在苗期和初花期各喷1次0.2%~0.3%的硼液,移栽的油菜除底施硼肥外,还应在移栽前1天于苗床喷1次0.2%~0.3%的硼液;适时早播早移栽,培育壮苗,促进根系发育,扩大营养吸收面;增施农家肥,合理施用氮磷钾化肥;加强田间管理,既要清沟排渍,又要及时灌溉,防止长期干旱。

6.干旱时期的病虫害防治

干旱条件下一些病虫害易暴发。干旱时期的主要虫害有蚜虫、菜青虫、小菜蛾等。苗期有蚜株率达10%,每株有蚜1~2头,抽薹开花期10%的茎枝或花序有蚜虫,每枝有蚜3~5头时,用下述药剂防治:40%乐果乳油或40%氧化乐果1000~2000倍液,20%灭蚜松1000~1400倍液,50%马拉硫磷1000~2000倍液,25%蚜螨清乳油2000倍液,或2.5%敌杀死乳剂3000倍液。菜青虫和小菜蛾的药剂防治措施为,在菜青虫卵孵化高峰后1周左右至幼虫3龄以前,小菜蛾幼虫盛孵期至2龄前喷药,可选择的药剂为25%亚胺硫磷400倍液,50%马拉硫磷乳油500倍液,90%敌百虫1000倍液,20%杀灭菊酯2000倍液。

干旱时期的主要病害为白粉病。白粉病的药剂防治方法为,发病初期喷15%粉锈宁可湿性粉剂1500倍液,或50%多菌灵500倍液,或多硫悬浮剂300~400倍液,防治2~3次,每次间隔7~10天。干旱后苗弱,抵抗力下降,如空气湿度大则菌核病、病毒病和霜霉病等病害发生情况可能严重,在气温回升后要密切监测,并做好防治指导。

第二节　油菜冷害和冻害及其预防抗灾技术

油菜冷害和冻害(含倒春寒)指低温对油菜的正常生长产生不利影响而造成的危害。其中,油菜冷害指0℃以上的低温对油菜生长发育所造成的伤害;油菜冻害指气温下降到0℃以下,油菜植物体内发生冰冻,导致植株受伤或死亡;油菜倒春寒指在春季天气回暖过程中,因冷空气的侵入,气温明显降低,对油菜造成危害的天气。

一　油菜冷害和冻害的危害症状

1.油菜冻害类型及症状

油菜冻害有3种类型。一是拔根掀苗,土壤在不断冻融的情况下,土层抬起，根系断开外露，使得植株吸水吸肥能力下降，而且，暴露在外面的根系也易发生冻害。免耕撒播油菜更易发生此类冻害。二是叶部受冻，受冻叶片呈烫伤水渍状，在温度回升后，叶片发黄，最后发白枯死，严重者地上部分干枯或整株死亡。三是薹花受冻，蕾薹受冻呈黄红色，皮层破裂，部分蕾薹破裂、折断，花器发育迟缓或呈畸形，影响授粉和结实，减产严重。

图 4–2　叶片冻害症状

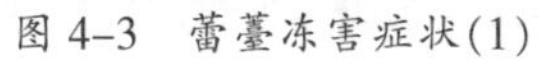

图 4–3　蕾薹冻害症状(1)

图 4–4　蕾薹冻害症状(2)

2.油菜冷害类型及症状

油菜冷害有3种类型。一是延迟型，导致油菜生育期显著延迟。二是障碍型，导致油菜薹花受害，影响授粉和结实。三是混合型，由上述两类冷害相结合而成。其症状主要有叶片上出现大小不一的枯死斑，叶色变浅、变黄及叶片萎蔫等。

3.倒春寒危害症状

油菜抽薹后，其抗冻能力明显下降。当发生倒春寒，温度陡降到10℃以下时，油菜开花明显减少，5℃以下则一般不开花，正在开花的花朵大量脱落，幼蕾也变黄脱落，花序上出现分段结荚现象。除此之外，遭遇倒春寒时叶片及薹茎也可能出现冻害症状。

二 油菜冷害和冻害减灾避灾技术

1.抗灾避灾技术措施

为确保油菜高产、稳产，应在油菜生产的各有关环节采取相应预防措施，从而可以将冷害和冻害的危害降到最低。

(1)选择适当品种。选择农业部门主推的在当地能够安全越冬抽薹的抗寒油菜品种，不要使用未经审定的油菜品种。

(2)适时播种(移栽)。适期播种或移栽，防止小苗、弱苗以及早花早薹。冬油菜播种期一般在9月中旬至10月中旬，过早和过晚播种都会降低油菜抗寒能力。

(3)培育壮苗。加强对油菜苗期管理，防止或减轻冻害发生，具体措施有提高整地质量，及时高质量移植，合理施用氮磷钾肥，及时排除积水，保持生长稳健，对生长过旺的田块可喷施多效唑适度抑制。

(4)旱地推广朝阳沟移栽法。南北向作畦，东西向开沟，在种植沟内北坡向阳的一面移栽油菜，保湿保墒。背风向阳，油菜早发，易形成冬壮冬发苗势，不仅能提高植物自身的抗寒防冻能力，而且可以避免冷风直接袭击。在越冬前后结合中耕培土壅根，具有明显防冻效果。

（5）中耕培土，清沟沥水。中耕培土，可疏松土壤，增厚根系土层，能阻挡寒风侵袭，提高吸热保温抗寒能力。另外，长江中下游春季低温阴雨发生比较频繁，因此，开好三沟，及时清沟沥水，降低田间湿度，促进根系的健壮生长，能提高油菜的品质，有利于减轻倒春寒对油菜的影响。

（6）增施磷钾肥及腊肥。一般每亩配合氮肥施用 10~15 千克磷肥、5~8 千克钾肥后油菜植株抗寒效果好。每亩施猪牛粪 1000~1250 千克作为腊肥，不仅能提高地温，促进根系生长，且可为春发提供养分。

（7）适时灌水防寒。冻害的程度与土壤含水量密切相关，干旱条件下，冻害会显著加重。因此，在寒流来临之前，如果土壤含水率较低，可按田间不积水这一标准在冻害形成前灌水，或者结合浇施稀粪水，可有效防止严重冻害。在黄淮平原冬季寒冷地区，适时灌水不仅可以沉实土壤，防止漏风冻根，而且可以增加土壤热容量，从而达到防寒抗冻的目的。

（8）覆盖防寒。在寒潮来临前或入冬后，用稻草、谷壳或其他作物秸秆铺盖在菜苗行间保暖，减轻寒风直接侵袭，也可在寒潮前将稻草等轻轻盖在苗上，以减轻叶部受冻程度，在寒潮过后，随即揭除，使油菜恢复正常生长。

（9）适时喷施植物生长调节剂。在 3 叶期喷施多效唑水溶液，防治高脚苗，增强越冬抗寒能力。对因播栽早、长势旺、有徒长趋势的油菜地块，在 12 月 20 日前后喷施多效唑溶液，可以使植株敦实，叶色变绿，预防或减轻冻害。喷施方法：每亩用 15%的多效唑可湿性粉剂 50~60 克，兑水 60 千克均匀喷施叶片，注意不漏喷、不重喷。

（10）摘除早薹早花。发现早花应及时摘薹，抑制发育进程，避开低温冻害。

2.减灾技术措施

在油菜冷害或冻害发生后，可根据灾害发生情况选择以下措施补救，降低灾害损失。

（1）摘除冻薹和部分冻死叶片。摘除部分冻死叶片的工作应在冻害后的晴天及时进行。已经抽薹的田块在解冻后，可在晴天下午采取摘薹的措施，以促进基部分枝生长。摘薹切忌在雨天进行，以免造成伤口溃烂。在摘薹时，用刀从枝干死、活分界线以下2厘米处斜割受冻菜薹，并用药肥混喷1~2次，每亩用硼肥50克、磷酸二氢钾100克、多菌灵150克兑水50千克，均匀喷雾，可起到补肥、预防油菜菌核病的作用。

（2）追施速效肥。对摘薹后的田块，可根据情况，每亩追施5~7千克尿素，以促进基部分枝发展。对叶片受冻的油菜，也应适当追施3~5千克尿素，促使其尽快恢复生长。

（3）彻底开挖三沟。要做好田间清沟、排除雪水、降低田间湿度的工作，以利于后期生长。

（4）培土壅根。利用清沟的土壤培土壅根，减轻冻害对根系的伤害。尤其对于拔根掀苗比较严重的田块，更应该做好培土壅根的工作。

（5）及时防治病害。油菜受冻后，容易感病，因此应及时喷施多菌灵、甲基硫菌灵和代森锰锌等药剂进行病害防治。

（6）及时改种。如果大部分油菜已经死亡，在有条件的地方可改种春季马铃薯或速生蔬菜，尽量挽回损失。

第三节　油菜渍害及其预防抗灾技术

渍害也叫湿害，是由于长期阴雨或地势低洼，排水不畅，土壤水分长期处于饱和状态，使作物根系通气不良，致使缺氧，引起作物器官功能衰退和植株生长发育不正常而导致减产的农业气象灾害。

在我国长江中下游的油菜生产地区，油菜生长季节有时连阴雨长达半个月，造成土壤含水量过高，土壤通气不良，油菜容易遭受春季涝渍而引发渍害，油菜根系缺氧，糖酵解、乙醇发酵和乳酸发酵产生的乙醇、乳酸、氧自由基等有害物质对细胞造成伤害。研究表明，渍害可造成幼苗生长缓慢甚至死苗，根系发育受阻，后期易发生早衰和倒伏。严重渍害可导致油菜减产 17%~42.4%。同时，渍害后土壤水分过多，田间湿度大，会助长病菌繁殖和传播，使菌核病、霜霉病、根肿病和杂草等大量发生和蔓延，造成渍害次生灾害。因此，应针对渍害发生时植株的生育时期、危害程度，采取相应的应急补救措施，最大限度地减轻渍害。

一 油菜渍害的危害症状

1.苗期渍害

苗期渍害可造成油菜根系发育不良甚至腐烂，外层叶片变红，内层叶片生长停滞，叶色灰暗，心叶不能展开，幼苗生长缓慢（僵苗）甚至死苗，油菜株高、茎粗、根粗、绿叶数均明显降低，同时还显著增加病害、草害和越冬期冻害等次生灾害发生的可能性，对后期产量造成严重影响。

2.花角期渍害

春季的低温、长期阴雨和渍涝是油菜生长中、后期的灾害，特别是对水稻茬油菜最为严重。开春后雨水明显增多，油菜进入旺盛生长期，如果田间积水，土壤通透性差，闭气严重，油菜茎秆、叶片发黄，甚至烂根死苗。春季多雨往往伴随着低温寡照，直接影响油菜开花授粉结实，造成花角脱落、阴角增多。严重的春涝可导致植株早衰，有效分枝数、单株角果数和粒数大幅下降。另外，长期阴雨、高湿环境也有利于后期霜霉病、菌核病、黑斑病等病害的发生。

二 油菜渍害的预防及其抗灾技术

1.选用抗渍耐渍品种

在水旱轮作区、地势低洼地区宜选用耐渍品种，耐渍品种具有较高的相对发芽率、相对苗长、根长、苗重和活力指数，以及较高的抵御缺氧胁迫能力。

2.合理开沟，降低地下水位

在前茬作物收获后，应及时耕翻耙平土地，之后开沟作畦，并结合整地施足基肥。畦宽以 2~3 米为宜，畦沟宽 20~25 厘米，沟深 15~30 厘米。地块较大时要开好中沟，必开围沟，做到三沟配套，雨止田干。开好朝阳沟以备播（栽）。近年来免（少）耕栽培在一些地区逐渐普及，但在长江中下游地区种植油菜，建立三沟配套的优良传统不能丢。为了节省劳动力，可以使用机械替代人工开挖三沟。

3.适期播栽，加强田间管理

应在晴天播栽油菜，切忌在阴雨天抢播抢栽。及早间苗、定苗，使田间通风透光，补施苗肥。发生湿害后，土壤容易板结，不利于油菜根系发育，应及时中耕除草，疏松表土，提高地温，改善土壤理化性质，可促进根系发育，还可减轻病虫害发生和感染，并结合培土壅根，防止油菜倒伏，注意在中耕过程中应精细操作，不要伤苗、伤叶。田间渍水会导致土壤养分流失，同时使油菜根系发育不好，甚至烂根，植株的营养吸收能力下降。清沟排渍，降低地下水位之后，再根据苗期长势，每亩追施 5~7 千克尿素，以促进冬前生长。在追施氮肥的基础上，要适量补施磷钾肥，增加植株抗性，每亩施氯化钾 3~4 千克或者根外喷施磷酸二氢钾 1~2 千克。另外，在现蕾后每亩增施 1 次硼肥，通常叶面喷施 0.1%~0.2%硼肥溶液50 千克左右，以防油菜花而不实。在油菜返青后或在冬、春季进行内、外三沟整修和清理工作，确保沟沟相通，旱能灌涝能排。在越冬初期对旺长田块每亩用多效唑 30 克左右兑水 40 千克喷雾，并结合施用腊肥进行培土壅根防冻。

4.防治次生灾害

在阴雨结束后，低温高湿情况下易发霜霉病，如果高温高湿则易发菌核病，上游地区根肿病还可能加重。可选择在晴天喷施多菌灵、甲基硫菌灵、托布津、代森锰锌等农药进行防治，对有菜青虫危害的田块，可用菊酯类杀虫剂防治。

第四节　油菜干热风及其预防抗灾技术

干热风，又叫火风、热风、干旱风，指高温、低湿并伴随一定风力的大气干旱现象。干热风严重影响油菜的产量和质量。因此，针对干热风的危害程度，采取相应的防御补救措施，对稳定油菜产量具有重要意义。

一 油菜干热风的危害症状

干热风出现时，往往气温高，湿度小，风速快，叶片因水分蒸腾而大量失水，导致植株体内水分平衡失调，轻者叶片凋萎，重者整株干枯死亡。受干热风危害的油菜叶片卷缩凋萎，由绿变黄或灰白，茎秆变黄，角果壳呈白色或灰白色，籽粒干瘪，千粒重下降，产量锐减，含油量下降。干热风对油菜的危害可分为干害、热害和湿害。

1.干害

在高温低湿条件下，油菜植株蒸腾量加大，田间耗水量增多，土壤缺水，植株体内水分失调，出现叶片黄化、萎蔫或植株死亡等干旱症状。

2.热害

热害的主要原因是高温破坏油菜的光合机构，导致植株光合作用不能正常进行，影响光合产物的生产与输送，导致千粒重下降。在油菜籽粒发育形成期，当气温达到28℃左右时，角果壳光合作用受阻，当日均温持续在24~25℃时，则籽粒灌浆过程中止，形成热害。

3.湿害

湿害多在雨水较多或地下水位较高的地方发生，主要因雨后高温或雨后晴天高温，植株严重脱水，导致油菜青干或高温逼熟。

二 油菜干热风的预防及其抗灾技术

1.预防措施

造林、种草、营造防护林和防风固沙林带，可增加农田相对湿度，降低田间温度，改善农田小气候，削弱干热风强度，减轻或防御干热风的危害。在土壤肥力瘠薄、灌溉条件差的地区，防风林的作用更加显著。改善生产条件，治水改土，完善田间灌排设施，是防御干热风、稳定提高油菜产量的有效途径。选用耐旱、抗高温的双低中、早熟油菜品种，适时早播，避开干热风危害的时期。在干热风常发地区，根据干热风出现的规律和旱涝趋势预报，改变油菜布局和栽培方式，使油菜籽粒发育成熟期避开较强的干热风，减轻或避免干热风危害。在苗期喷施100~200毫克/千克的多效唑，可使油菜植株增强抗干热风能力，减轻干热风的危害。

2.补救措施

对可能危害作物的干热风的类型、强度、开始和持续时间、出现范围等进行预测并预报，便于更好地防御。根据天气预报，在干热风发生前1~2天浇水，可改善农田生态环境，减轻干热风的危害。在油菜初花至结荚期，每亩用磷酸二氢钾100克，尿素150~200克兑水50千克，进行叶面喷施，可以增强植株抗性，减轻干热风的危害。